污染防治理论与实践之四——探索中国环境保护新道路

固体废物属性鉴别案例手册

张力军　主编

中国环境科学出版社·北京

图书在版编目（CIP）数据

固体废物属性鉴别案例手册/张力军主编.—北京：中国环境科学出版社，2010.1
（污染防治理论与实践.第4辑，探索中国环境保护新道路）
ISBN 978-7-5111-0160-0

Ⅰ.固… Ⅱ.张… Ⅲ.固体废物-属性-案例-手册 Ⅳ.X705-62

中国版本图书馆CIP数据核字（2010）第006594号

责任编辑	丁　枚
责任校对	扣志红
设计制作	杨曙荣

出版发行	中国环境科学出版社
	（100062 北京崇文区广渠门内大街16 号）
	网　址：http://www.cesp.com.cn
	联系电话：010-67112765（总编室）
	发行热线：010-67125803
印　　刷	北京画中画印刷有限公司
版　　次	2010年1月第1版
印　　次	2010年1月第1次印刷
开　　本	787×1092　1/16
印　　张	11.75
字　　数	120千字
定　　价	39.00元

《污染防治理论与实践》丛书

主　编：张力军

副主编：翟　青　李新民　凌　江　李　蕾　汪　键　张欲非

编　委（按姓氏笔画排序）：

《固体废物属性鉴别案例手册》

参与编写单位：

中国环境科学研究院固体废物污染控制技术研究所

中国海关化验室

深圳出入境检验检疫局工业品检测技术中心再生原料检验鉴定实验室

本册顾问： 钟　斌　张嘉陵　杜科雄　武跟平　郝怡磊

关向应　信　燕　刘成凯　熊　晶

本册主编： 王　琪　周炳炎

本册副主编： 钟步江　刘　丽

本册编委（按姓氏笔画排序）：

于泓锦　邝杰炜　刘　锋　刘志红　朱雪梅　闫大海

何　洁　李　丽　李　英　李　辉　杨子良　陈向阳

郑　洋　梁　烽　黄启飞　黄泽春

中国环境保护新道路的哲学思考
（代序）

环境保护部部长　周生贤

马克思主义哲学是唯一科学的世界观和方法论，是我们认识世界和改造世界的强大思想武器。运用马克思主义哲学的基本原理来思考和分析中国环境保护新道路，将会进一步廓清我们对这条道路的认识，从而更自觉地在实践中探索它、发展它。本文对此进行一个尝试。

一、中国环境保护新道路是实践和理论的有机统一

马克思主义认识论的原理告诉我们，人类的认识遵循实践、认识、再实践、再认识的辩证规律。进一步说，人类的认识是随着社会实践不断由低级到高级，由浅入深，由片面到更多方面地发展的。中国环境保护新道路就是在中国环境保护实践、认识的辩证发展的具体过程中，不断从实践到认识、再从认识到实践，循环往复，每一次循环都进到了高一级的程度，从而使我们对环境保护规律的认识更加全面、更加深刻。因此，中国环境保护新道路是中国环境保护实践和理论具体的历史的有机统一。

1. 辩证唯物主义认为，物质是第一性的，意识是第二性的，意识依赖物质。同时意识对物质并不是消极被动，它一经产生，就对物质发挥积极的能动作用，这种作用是通过认识对实践的指导来实现的。党和国家对环境保护的认识对我国环境保护实践发挥了重要作用。

改革开放前，周恩来总理等老一代革命家就已开始注意环境问题，为发展中国环境保护事业打下了基础。改革开放后，邓小平同志非常重视绿化造林和保护自然环境问题，强调自然环境保护很重要。他主政时期，20世纪70年代末就通过了我国第一部环境保护法，随后80年代初把环境保护确立为一项基本国策，对环境保护事业发展影响深远。江泽民同志主持中央工作以后，陆续提出实施可持续发展战略，必须正确处理经济建设与人口、资源、环境的关系，保护环境就是保护生产力等论断，这些重要论断指导并促进了我国环境保护不断发展。进入21世纪，特别是以胡锦涛同志为总书记的党中央提出以人为本，全面、协调、可持

续的科学发展观以来，我国环境保护工作和实践面貌焕然一新。在党的十七大上胡锦涛同志又提出建设生态文明的新要求。建设资源节约型、环境友好型社会写入了十七大通过的新党章。这些都标志着环境保护作为基本国策已成为全党意志，环境保护进入了国家政治经济社会生活的主干线、主战场、大舞台。上述党和国家对环境保护事业的认识，有力地推动了我国环境保护实践的发展。

2. 马克思主义哲学认为，实践是认识的来源和动力，是检验认识真理性的标准，是认识的目的。我国环境保护事业历经30多年、几代人的艰苦奋斗，从无到有、逐步发展，具有了比较丰富的实践，中国环境保护新道路是对这些实践经验的升华。

1973年第一次全国环保会议提出了三十二字方针、20世纪80年代明确提出三大政策体系、20世纪90年代又提出污染防治和生态保护并重等思想和行动都是那个时期环境保护实践的认识成果。"十一五"以来，我国环境保护事业确立了全面推进重点突破的工作思路，提出从国家宏观战略层面解决环境问题，从再生产全过程制定环境经济政策，让不堪重负的江河湖海休养生息，努力促进环境与经济的高度融合，环境保护显示了新气象，这些实践有待升华为新的认识。

唯物辩证法承认两点论，反对一点论，认为分析事物要一分为二，要从正反两个方面看，不能仅仅从正面或者反面作分析，否则就片面了。必须承认，30多年来我国环境保护还处于边治理边污染的状况，一些地方甚至重蹈先污染后治理的覆辙，特别是发生了沱江污染、松花江水污染、无锡太湖蓝藻暴发等重大污染事件，十七大报告也指出我国面临"经济增长的资源环境代价过大"的突出问题。中国环境保护新道路正是我国环境保护事业30多年来正反两方面实践和认识的升华，目的是更好地促进我国环境保护事业大发展。

3. 历史唯物主义认为，作为社会物质生产过程的社会存在决定社会精神生活的社会意识，社会意识反映社会存在。环境问题是一定阶段社会物质生产过程的产物，是一种社会客观存在，对环境问题的认识也必然随着环境问题这个社会客观存在的变化而发展。

我国环境客观形势的现实表明，原来的道路、旧的范式越来越不适应环境形势发展的客观实际，中国环境保护新道路就是环境客观形势不断严峻下的社会意识发展，属于新的范式。

环境保护在取得了很大成绩的同时，我国环境形势依然十分严峻。一是2008年我国地表水746个国控断面，Ⅰ到Ⅲ类水的比例为47.7％，Ⅴ类或劣Ⅴ类水占23％。二是大气污染严重，城市空气质量优良率天数没有很大的提高。可吸入颗粒物成为城市空气的主要污染物。全国酸雨面积已扩大到150万平方公里。三是固体废物、噪声污染有增无减，电子垃圾的高峰已经来临。四是农村环境面临千家万户的污水排放、垃圾收集和处理、农业面源污染和畜禽养殖污染等问题，令人堪忧。五是水土流失、沙化等生态破坏仍然严重。六是传统的环境问题尚未解决，新的环境问题接踵而至。土壤污染问题日益凸显。这些日益突出的作为社会客观现实存在的环境问题，必然会引发我们对产生这些环境问题的反思。新的社会存在要求新的社会意识反映。只有超越对这些环境问题的以往认识，才能更好地解决问题。实质上，中国环境保护新道路就是对我国十分严峻的环境形势这种社会客观存在的能动反映和认识发展。

二、中国环境保护新道路坚持辩证唯物主义基本要求

辩证唯物主义认为，世界是物质的，物质决定意识，意识能动地作用于物质。物质世界是普遍联系和永恒发展着的，事物运动发展是有规律的。唯物辩证法包括了联系和发展两大原则，对立统一、质量互变、否定之否定三大规律，以及本质与现象、内容与形式、原因和结果等基本范畴。其中对立统一规律是唯物辩证法最根本的规律，是认识世界和改造世界的根本方法。辩证唯物主义的基本原理和规律为认识和发展中国环境保护新道路提供了思想基础，为开拓新道路提供了根本指南。中国环境保护新道路的实践进一步证实了辩证唯物主义的真理性。

1. **辩证唯物论的对立统一规律认为，矛盾的普遍性和特殊性的关系就是共性和个性、绝对和相对的关系，共性只能存在于个性之中，个性离不开共性，个性也有自己的特点。科学发展观与环境保护历史性转变是普遍性和特殊性的辩证关系。只有把矛盾的普遍性和特殊性、共性和个性结合起来，具体说就是把落实科学发展观和推动历史性转变结合起来，才能更好地推动中国环境保护事业发展。**

科学发展观对中国特色社会主义事业具有普遍性、共性，它是无条件的，因而是绝对的。科学发展观作为党的三代中央领导集体关于发展的重要思想的继承和发展，是马克思主义关于发展的世界观和方法论的集中体现，是同马克思列宁主义、毛泽东思想、邓小平理论和"三个代表"重要思想既一脉相承又与时俱进的科学理论，是我国经济社会发展的重要指导方针，是发展中国特色社会主义必须坚持和贯彻的重大战略思想。

历史性转变对中国特色社会主义事业具有特殊性、个性，它是有条件的，因而是相对的。第六次全国环境保护大会确定了历史性转变思想。温家宝总理在这次环保大会上提出了"三个转变"：一是从重经济增长轻环境保护转变为保护环境与经济增长并重，在保护环境中求发展。二是从环境保护滞后于经济发展转变为环境保护和经济发展同步，努力做到不欠新账，多还旧账，改变先污染后治理、边治理边破坏的状况。三是从主要用行政办法保护环境转变为综合运用法律、经济、技术和必要的行政办法解决环境问题，自觉遵循经济规律和自然规律，提高环境保护工作水平。"同步、并重、综合"这"三个转变"具有战略性、全局性和方向性，成为我国环境保护的历史性转变。它是环境保护领域中实践和落实科学发展观的结合点和着力点，是环境保护领域具体化了的科学发展观。

历史性转变不是毕其功于一役，是一个相当长的矛盾、转变，再矛盾、再转变的过程。因此，历史性转变指导下的中国环境保护新道路就呈现了长期性、阶段性、针对性和艰巨性的鲜明特点。长期性表现在两个方面：一方面，从客观上讲，当前我国环境形势十分严峻，解决起来不可能一蹴而就；另一方面，从马克思主义认识论的角度看，对复杂问题的认识，

3

往往要经过实践和认识的多次反复，甚至曲折反复，需要一个相当长的过程，才能逐步达到主观和客观的统一。解决复杂问题也需要一个过程。认识问题和解决问题就是实践论的范畴了。因此我们要按照实践永无止境的要求，坚持继承与创新，一代接一代环保人坚持不懈地探索下去。阶段性就是要根据工业化和城镇化进程中的不同特征，找到特定阶段的突出问题，及时调整探索重点。针对性就是要敢于面对错综复杂的局面，善于抓住主要矛盾，采取有的放矢的措施。艰巨性就是要充分认识解决我国压缩型、结构型、复合型环境问题的难度，不为任何困难所惑，不为任何风险所惧，始终保持清醒头脑，努力在实践中探索，在探索中实践。

概言之，科学发展观的普遍性、共性存在于历史性转变的特殊性、个性之中，历史性转变体现科学发展观的普遍性、共性。历史性转变也具有自身的特点，这就是对经济发展与环境保护关系的根本性调整，是环境保护根本方式的转变。就经济发展与环境保护这对矛盾来说，历史性转变是在一定条件下，经济发展与环境保护这对矛盾地位的改变，此消彼长，既斗争又转化。我们必须把落实科学发展观和推动历史性转变相结合起来，才能更好地推动中国环境保护新道路的发展。

2. 辩证唯物论的对立统一规律也认为，矛盾的基本属性是既对立又统一。一切矛盾着的事物，互相联系着，共同处于一个统一体中，在一定条件下互相转化。科学发展本质上是经济、环境保护、资源的对立统一体，不能绝对地把环境保护、资源、经济发展三者静止地、机械地对立起来，在一定条件下它们相互贯通、相互影响，可以实现良性发展。

发展在某种意义上就是燃烧。烧掉的是资源，留下的是污染，产生的是GDP。科学发展就是烧掉的资源越少越好，产生的污染越小越好，最好是零排放。前者是"资源节约"，后者是"环境友好"，总括起来就是又好又快。实际上，环境保护、资源和经济发展是互相联系、互相作用、互相依赖、互相贯通的矛盾统一体。正如矛盾着的事物在一定条件下可以转化一样，我们不能绝对地把环境保护、资源、经济发展三者所形成的矛盾统一体机械地对立起来，这个矛盾统一体在一定条件下，这个一定条件就是协调环境与经济关系，可以互相转化、互相贯通，向良性发展。烧掉的资源少，留下的污染小，GDP能搞多少算多少，搞得快比搞得慢好，搞得代价小比代价大好，这就是良性发展，就是科学发展，也是又好又快地发展。

3. 唯物辩证法是关于联系和发展的科学，认为事物是普遍联系和永恒发展的。普遍联系是事物固有的辩证本性，这是客观的，不以人的意志为转移的。而且任何事物只有在一定的联系中才能存在和发展。环境保护作为物质世界的事物，具有普遍联系的本性，这是不以人的意志为转移的。环境保护只有在一定的联系中才能存在和发展。

从普遍联系的观点看，环境保护不仅存在与经济、政治、文化、社会等方面的普遍联

4

系，也存在环境治理过程中，中央与地方、各部门之间的多层次联系，以及水体、大气、土壤、固废等各项治理工程和管理工作之间的复杂联系。因此环境保护是一个多层次、多维度、多因素、非线性的复杂问题。它绝不是简单的污染防治问题，应该说它本质上是一个发展方式问题、经济结构问题和消费方式问题。其中最重要的联系是环境与经济关系，两者相互关联、相互呼应、相互影响。环境保护是经济发展的应有之义，离开经济发展谈环境保护那是缘木求鱼。一部环境保护发展的历史就是一部经济发展的历史。正确的经济政策就是正确的环境保护政策，正确的环境保护政策也是正确的经济政策。我们过去几十年的教训就是，把经济与环境保护搞成两张皮，联系不到一块，机械地把环境保护放在经济发展的对立面，这样推进环境保护工作的难度就很大。

就普遍联系的观点看，本质和现象是揭示事物内部联系和外部表现的一对哲学范畴，认识事物不能停留在表面现象，而必须透过现象，把握本质。十七大报告提出粗放型增长方式尚未根本改变，要大力推进经济结构战略性调整。认识到粗放型增长方式这个现象是解决资源环境代价过大问题的必要前提，但还远远不够，不能停留在对现象的认识上。我们都知道金刚石、石墨这两种物质，它们都是由碳原子构成的，表象相同，一个是世界上无色透明天然最硬的物质，一个是世界上有色不透明最软的物质之一，关键是它们内部分子结构的性质不同，一个是碳原子呈层状排列结构，一个是碳原子呈空间连续的骨架结构，结构的性质决定不同的功能，显现出不同的现象。要真想改变它们的物质性能必须改变结构性质，而改变结构性质，需要高温高压外加催化剂那样的外界条件才能由石墨变成金刚石。

改变粗放型增长方式看起来主要是提高环境门槛，制定严格的环境经济政策，加强综合执法力度等，本质上是调整经济结构，是改变经济结构性质，实现经济与环境高度融合，使环境保护不再是经济发展的排斥因素。如果仅仅只注意到了提高环境门槛这些现象，认识不到调整经济结构才是本质，就没有很好地掌握现象和本质的辩证关系，最终也抓不住关键，不知道从哪方面下大力气解决问题。调整经济结构，改变经济结构性质，关键是力度大小，必须有一个强大的外力才行，就像石墨结构向金刚石结构转化需要苛刻的外界条件那样。一般性的措施不行，很难奏效。现在看，世界金融危机这个强大的外力，给我们调整经济结构带来了良好机遇，坏事可以变好事。

4. 唯物辩证法认为，内因是变化的根据，外因是变化的条件，外因通过内因而起作用。我国环境保护事业要立足自身、立足国情这个内因，学习和借鉴国际环境保护领域的经验和做法，以我为主，为我所用。

中国环保新道路最根本上是中国所处发展阶段、中国国情与环境保护实际相结合这个内因促成的，是内因在发挥作用。国际环境保护领域经验和做法这个外因只有通过吸收这个环节为内因提供变化条件，加速甚至延缓内因的发展和变化，具体看就是我国环境保护事业曾吸收过许多国际环保的有益做法和理念，促进了环保事业发展，今后仍要坚持这样做下去。坚持内因决定论的唯物辩证法原理，我国环境保护事业发展必须一要立足自身，二要立足国情。立足自身就是中国环境保护事业发展的立足点在于依靠自身的实践发展和理论进步，立足于中国环境保护自身的实践与认识，不断总结这些实践和认识的内在规律，结合中国具体的国情吸收外部的成功经验，不断开拓和探索中国环境保护新道路。立足国情就是侧重于思考我们是处于并将长期处于社会主义初级阶段的中国特色社会主义，中华民族具有多民族的几千年处理人与自然关系的智慧和文明，国家当前正面对生态环境脆弱、人口多、发展方式粗放、处于快速工业化的进程中，要立足这些基本国情，推进中国环境保护新道路建设。

西方发达国家走过了先污染后治理、以牺牲环境换取经济增长的老路，对这条老路造成的环境危害，甚至无法弥补的损失，曾进行过批判和反思，对他们的环境问题也实践出了比较有效的做法：一是采取严厉的环境保护措施。二是建设完善的环境基础设施。三是加快调整产业结构。四是实行符合国家经济大局的政策法规标准体系。发达国家的这些有益尝试为中国环境保护新道路发展提供了一定的外部条件。因为这些做法是人类文明共同的成果，人类为此付出过惨痛的代价。譬如震惊世界的20世纪40年代初美国洛杉矶烟雾事件、1952年英国伦敦烟雾事件、1953年日本水俣病等八大公害，人类就付出了很多沉重的生命代价。我国2005年发生的松花江水污染事件也进入了世界环境保护史。学习借鉴人类文明的共同成果，为我所用，可以少走弯路，少付代价。

内因是变化根据，外因必须通过内因而起作用的原理也要求我们，对国际环境保护经验要坚持拿来主义，而不能照抄照搬，搞克隆主义、复制主义，也绝不能搞洋教条。中国环境保护新道路一定要坚持并自觉运用内因决定论这个科学的马克思主义哲学原理作指导，不断独立自主地开拓前进。

5. 辩证唯物主义认为，全局是由局部构成，局部是全局的一个部分、一个发展阶段，没有局部就没有全局。全局不是局部的简单相加，而是统率局部，对事物起决定性作用。正确处理局部和全局的关系就要统筹兼顾。

围绕中国环境保护新道路这个全局，就是要正确处理经济发展与环境保护、当前与长远、政府主导与市场推进、中央与地方、城市与农村以及区域之间环境保护六大关系，统筹兼顾这些关系。这六大关系，都是不协调和冲突，也是矛盾。矛盾构成了整个世界，世界每天发生多少矛盾和冲突，如恒河沙数。世界一刻也少不了矛盾，离开矛盾就没有这个世界。旧矛盾解决了，新矛盾还会出现。六大关系、六大矛盾、六大问题是不断发展变化的，结合新的实际和情况，加以解决和转化，发展中国环境保护新道路。

中国环境保护新道路坚持全面推进重点突破的总体思路，是做好新形势下环境保护工作的重要保证，体现了全局与局部的辩证原理。实施全面推进重点突破，就是把保障群众饮水安全作为首要任务，把防治水、空气和土壤污染作为重中之重，把污染减排作为当前环境保护的中心工作，大力建设先进的环境监测预警体系和完备的执法监督体系，认真执行环境影响评价、污染物排放总量控制、环境目标责任制三项制度，积极加强环境政策法制、宣传教育、科学技术、国际合作四项工作，全面开展思想、作风、组织、业务、制度"五大建设"。全面推进重点突破的整体思路，不是回到过去环境保护工作思路的原点，而是环境保护工作螺旋式上升、否定之否定中发生的质的飞跃。

综上所述，中国环境保护新道路就是要在落实科学发展观中，加快环保历史性转变，在转变中改革，在改革中继承，在继承中创新，在创新中实践，在实践中协调，在协调中发展，有所作为，努力实现人与自然和谐。坚持辩证唯物主义观点，学会按唯物辩证法办事，下大力气协调经济发展与环境保护关系，不断推动又好又快发展。

三、中国环境保护新道路体现历史唯物主义基本原理

历史唯物主义是关于人类社会发展的一般规律的科学。它的基本原理主要包括，认为社会存在决定社会意识，社会意识反映社会存在。认为人民群众是历史的创造者，是创造人类历史的真正动力。认为人类社会是在生产力与生产关系、经济基础与上层建筑的矛盾推动下，不断从简单到复杂、从低级到高级发展的。历史唯物主义和辩证唯物主义一起构成了马克思主义哲学严密的科学体系和完整的世界观。中国环境保护新道路不仅体现了马克思主义哲学的基本精神，并在中国环境保护实践中坚持它、丰富它、发展它。

1. **历史唯物主义认为，人民群众是历史的创造者。以人为本是马克思哲学关于人民主体性的具体体现。环境保护工作始终要心中想着老百姓，服务人民群众，发展依靠人民群众。真正做到发展为了人民，发展依靠人民，发展成果由人民共享。**

胡锦涛同志指出，相信谁、依靠谁、为了谁，是否始终站在最广大人民的立场上，是区分唯物史观和唯心史观的分水岭，也是判断马克思主义政党的试金石。坚持人民主体性观点，以人为本，一方面，环境保护工作就是要以最广大人民利益为环境保护工作的出发点和落脚点，关爱最广大人民的生命健康，服务最广大人民，解决最广大人民最关心、最直接、最现实的环境问题，解决人民群众反映迫切的现实环境问题——饮用水污染、空气污染、噪声污染、土壤污染等，是我们环境保护工作义不容辞的责任，不断满足人民群众不断增长的环境质量需要。另一方面，环境保护就是要依靠最广大人民，尊重人民群众的主体地位，充分发挥人民群众的创造力和主动性，建立健全公众参与的体制和机制，推动公众参与环境保护不断深入。以民为本、公众参与是环境保护的重要方针。

2. **历史唯物主义认为，一定的生产方式制约着自然环境对社会发展的作用，主要受社会制度、生产力发展水平和发展方式的制约。自然环境是人类社会存在和发展的不可缺少的物质条件。现阶段，要充分发挥自然环境作用，必须尊重自然规律，最关键的是协调经济发展与环境保护两者之间的关系。**

自然环境也叫自然力。从宏观上看，只有有效地保护自然环境，使自然力更大限度地持久地变为现实的生产力，才可能更好地借助自然界，来满足人类自身的发展需要，经济才能稳定持续发展。人类和自然环境之间的物质转化规律是人类生存和发展必须遵守的客观规

律，人们只能认识规律，而不能消灭规律。经济发展是人类生活水平高低的问题，保护自然环境则是能否生存的问题。自然环境与经济发展的核心，首先是经济发展，在社会主义初级阶段不可能以停止发展的方式来保护自然环境，但社会主义初级阶段也绝不能宽容污染自然环境。

自然环境对人类社会来说，它自身是具有净化功能的，具有自我恢复、自我调节、自我修复、自我发展的自我组织功能。进一步说，自然环境系统在人类减少的污染和破坏的情况下，是可以恢复自身强大的净化功能、恢复自然自身的生态平衡的。这是自然的规律，破坏自然规律，必然遭受自然的惩罚。尊重自然规律，用人文关怀来善待自然环境，在利用工程技术手段的同时，要充分发挥自然的净化能力、自我修复能力、自我调节能力、自我发展能力。对环境保护工作来说，这是成本低、效率高，长远看更加科学合理的途径。目前尊重自然规律，发挥自然净化功能、修复功能、调节能力的主要手段和方式是"休养生息"和"扬汤止沸、釜底抽薪"。

胡锦涛同志在安徽视察淮河的时候向全国发出了号召，要让全国的江河湖泊"休养生息"。"休养生息"就是要给水环境以必要的时间和空间，发挥水生态系统的自我修复、自我调节、自我更新功能，使生态生产力得以恢复、发展，使生态系统由严重"失衡"走向"平衡"，进入良性循环，实现人与自然和谐发展。对不堪重负的江海湖泊给予人文关怀实施"休养生息"，看似无为，实则是一种由无为而达到无不为境界的有效路径。"休养生息"强调环境保护工作要尊重自然规律，发挥自然自身的净化和修复功能是节约投资、降低治理成本、提高效率的重要途径。

蓝藻出现了，进行人工打捞，就像水开了，倒上冷水，叫"扬汤止沸"。截住造成蓝藻暴发的污染源头，就像抽掉锅底下呼呼燃烧的薪柴那样，叫"釜底抽薪"。"扬汤止沸"是治标措施，它重点解决眼前问题，见效快，是暂时措施，并不能从根本上改变环境质量；"釜底抽薪"是治本措施，它围绕长远抓住关键，见效慢，周期长，是长远措施，将从根本上彻底地改善环境质量。因此，环保既要着眼眼前行动，又要考虑到长远举措，既要把眼前的一些矛盾问题解决好，又要围绕长远从根本上改善环境质量，所以在环境保护措施上既要治标又要治本。

四、在实践中探索中国环境保护新道路

实践的观点是马克思主义认识论首要的和基本的观点。实践是人们有目的地改造客观世界的物质活动，是人类社会特有的存在方式。一切从实际出发，解放思想，实事求是，与时俱进，在实践中检验真理和发展真理，这是马克思主义的思想路线。

1. 实践是检验和发展真理的主要环节，是探索中国环境保护新道路的根本途径。

马克思主义哲学认为，实践是检验真理的唯一标准，实践既具有认识论意义，又具有世界观意义。人的正确思想从哪里来？只能从社会实践中来。实践高于认识，因为它不但具有

普遍性的品格而且还有直接现实性的品格。

马克思在《关于费尔巴哈提纲》中说，哲学家们只是用不同的方式解释世界，问题在于改变世界。改变世界的根本途径是社会实践，目的是达到主观与客观、认识与实践的具体的历史的统一。通过实践、认识、再实践、再认识的辩证过程，每一次认识的循环往复，都使我们进一步接近了真理，从相对真理走向绝对真理。必然王国是人们由于对规律无知或知之甚少，受规律束缚的一种状态。自由王国是人们摆脱盲目必然性的奴役状态，随着人的能动性的不断发挥和自由的不断发展，成为自己社会关系的从而也成为自然界的自觉主人这样一种状态。譬如对于资源节约型、环境友好型社会建设，通过实践，我们就会从没有经验到有经验，从有较少的经验到有较多的经验，从建设"两型社会"这个未被认识的必然王国，到逐步地克服盲目性、认识客观规律，从而获得自由，在认识上出现一个飞跃，到达自由王国，从而会把"两型社会"建设推向一个新的阶段。人类历史就是通过实践活动不断从必然王国到自由王国的演进过程。

2．解放思想、实事求是、与时俱进，勇于变革、勇于创新，永不僵化、永不停滞，探索中国环境保护新道路。

解放思想是指在马克思主义指导下打破习惯势力和主观偏见的束缚，研究新情况，解决新问题，使思想和实际相符合，使主观和客观相符合，就是实事求是。与时俱进就是要有一种时不我待、奋发有为、奋起直追的精神，勇于变革、敢于创新，就是要理论创新、实践创新、改革创新，以更广的视野、更大的勇气、更足的干劲，努力探索中国环境保护新道路。

在探索中国环境保护新道路中，要创新实践，采用新办法，才有探索的价值。解放思想，要大胆地试、大胆地闯，允许犯错误，但不允许犯同样的错误。尤其是对于像资源节约型、环境友好型试验区探索来说，试验区过去没有，现在的办法又不行，又不能畏首畏尾、丧失发展机遇，就要不断试验，不断实践。试验就可能出错。西方现代哲学家波普尔认为自然科学理论中都包含着潜在的错误，自然科学就是在不断发现错误中、不断在被证伪中永无止境地发展的。因此，有了错误不要紧，那是向前发展的动力。探索新道路付出一定的代价是应该的，因为没有人走过。错误是通往真理的路标，重复犯错是通往泥潭的一条死路。尊重基层科技人员和基层干部群众的首创精神，这是探索中国环境保护新道路的必备条件。

3．建设生态文明，统筹人与自然关系，积极探索中国环境保护新道路。

当前人与自然的矛盾十分尖锐，落实科学发展观、统筹人与自然的关系十分迫切。十七大报告指出我国经济社会发展存在的主要矛盾中重要的一条，就是经济增长的资源环境代价过大，提出了建设生态文明的奋斗目标。这个代价过大的问题要靠建设生态文明解决，体现在积极探索中国环境保护新道路的进程中。

人类历史就是文明进化的历史。农耕文明时期人类主要处于敬畏自然、依赖自然，同时改造自然的时期。总体上由于生产力水平低，科学技术不发达，社会经济发展总量小、层次低，自然生态环境自我修复能力还很强，人与自然的关系整体上还是协调的。工业文明以来，随着生产力的不断发展和科学技术的进步，人类改造自然的能力空前强大，人们对自然的认识由畏惧、依赖向无视、主宰转变，无视自然生态规律，盲目征服自然、榨取自然，急功近利成为社会主流，由此带来了严重的生态环境问题。

生态文明是以尊重和维护自然为前提，以人与人、人与自然、人与社会和谐共生为宗旨，以建立可持续的生产方式和消费方式为内涵，引导人们走上持续、和谐、发展的文明之路。它强调人与自然的相互依从、相互促进、共生共荣，追求人与生态和谐。人与自然要平等相处、和谐相处、友好相处。生态文明不同于传统意义上的污染控制和生态恢复，是对工业文明弊端的扬弃，是不断探索建设资源节约型、环境友好型社会的过程。中国环境保护新道路就是按照生态文明建设的要求，建设全防全控的防范体系、高效的环境治理体系、完善的环境政策法规标准制度体系、完备的环境管理体系，努力形成生态文明建设要求的生产方式和消费方式，推进可持续发展的体制机制，大力发展循环经济，重点抓好重点流域水污染治理，让江河湖海休养生息，恢复生机。归根结底，我们中国环境保护新道路就是建设生态文明，形成资源节约型、环境友好型社会，人与自然关系和谐的文明道路。

总之，中国环境保护新道路是理论和实践的有机统一，是极具探索性的实践活动，充满了辩证唯物主义和历史唯物主义的哲学意蕴。

环境保护部部长　周生贤

二〇〇九年六月

前　言

固体废物进口管理是环境保护工作的重要组成部分。近年来，进口可用作原料的固体废物进口量持续增长，对于补充我国资源，缓解我国资源短缺与经济快速发展之间的矛盾发挥了积极作用。与此同时，境外生活和工业垃圾非法入境事件也时有发生。为预防和打击境外废物非法入境，依据《中华人民共和国固体废物污染环境防治法》，环境保护部会同海关总署、质检总局、发展改革委、商务部等部门实行了一系列严格的管理制度，形成了较为完善的监管体系，有效地维护了我国的环境权益。

对进口货物是否属于固体废物进行属性鉴别是固体废物进口管理工作的重要内容。2006年，原国家环保总局、发展改革委、商务部、海关总署、质检总局联合以2006年第11号公告发布了《固体废物鉴别导则》（试行），明确了固体废物鉴别的步骤和主要原则，成为固体废物属性鉴别工作的重要依据。

近年来，针对海关和检验检疫部门在口岸查验工作中遇到的各类难以判别进口货物是否属于固体废物的疑难问题，中国环境科学研究院固体废物污染控制技术研究所、中国海关化验室、深圳出入境检验检疫局工业品检测技术中心再生原料检验鉴定实验室等机构做了大量的固体废物属性鉴别工作。通过几年的经验积累，我们认为对一些比较复杂的样品进行固体废物属性鉴别，必须结合其产生过程、组成成分、资源可利用性以及利用过程中是否增加环境风险等进行综合判断，不能简单地依据其物质或者材料的自然特征进行判断。此外，一些固体废物具有资源性，甚至在一定市场条件下具有较高的价值，但并不能因此而否认其固体废物属性，如废油、废酸碱、废弃电器等电子产品。

固体废物属性鉴别关键在于要最大限度地识别物质产生的真实来源。由于被鉴别样品的产生地几乎均在境外，不可能有完整准确的产生信息，因而解析样品的产生过程，也是固体废物属性鉴别的难点，这要求鉴别人员必须学习了解各方面的知识，要以必要的物质特征实验为基础，要查找大量的资料和征询专家的意见。

《固体废物属性鉴别案例手册》（以下简称《手册》）是上述三家鉴别机构对近几年接收的代表性样品鉴别情况的简明汇总。手册第一部分是经鉴别判断为固体废物的案例。为方便废物类别和商品类别的对比和查找，《手册》在各固体废物大类后标注了与之相关联的海关《商品综合分类表》中章的编号；第二部分是经鉴别判断为非固体废物案例。本《手册》的鉴别结论仅适合于固体废物属性鉴别过程中的特定委托样品。此外，我国对进口固体废物实行分类目录管理并进行动态调整，只有列入《自动许可进口类可用作原料的固体废物目录》和《限制进口类可用作原料的固体废物目录》中的废物并经过环保部门的审查批准后才能进口。因此，对是否属于禁止进口的固体废物的判断，是建立在鉴别当时所适用的进口固体废物管理分类目录的基础上的。鉴别实践中，对于未列入进口固体废物分类目录的固体废物，均判为禁止进口的固体废物。

《手册》的编写得到了有关主管部门的大力支持和具体指导。在固体废物属性鉴别工作中，还得到了各方面和各个领域内专家给予的帮助和支持。在此，我们一并表示由衷的感谢！

固体废物属性鉴别工作在我国开展的时间不长，还需要进一步完善和提高。同时由于编写者知识和水平有限，手册中可能存在着不足甚至错误。我们衷心希望得到广大读者的批评指正。

希望该手册对口岸检验人员、监督管理人员、固体废物专业人员、其他与进口废物相关的人员起到有益的参考作用和宣传作用，为共同保护我国的环境、构建和维护进口可用作原料的固体废物贸易的正常秩序发挥积极作用。

编 者
2009年12月

目　录

第一部分　固体废物案例

第二部分 非固体废物案例

第一部分

固体废物案例

一、动物毛皮废物（第8章）

1 绵羊毛皮碎块

外观特征描述：

外观呈黄褐色团状，毛色不均，毛短；有较浓的羊膻气味；团状展开后可见皮、肉，经过腌制，粘附很多防腐盐粒；块状不规则，长约20公分；毛上裹有粪球状杂物。样品外观见图1和图2。

 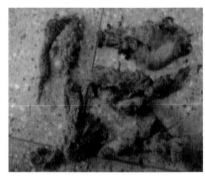

图1   图2

理化特性分析或物质特性：

（1）动物毛纤维按组织学构造可分有髓毛和无髓毛两类。有髓毛由鳞片、皮质和髓质三层细胞构成；无髓毛无髓质。髓质层越发育，则纤维直径越粗，工艺价值越低。

（2）按毛纤维的生长特性、组织构造和工艺特性，可分为绒毛、发毛、两型毛、刺毛和犬毛。其中刺毛是生长在颜面和四肢下端的短毛，无工艺价值。因此，可用作毛纺原料的只有绒毛、发毛和两型毛三种基本类型。

样品羊毛较短，羊毛纤维类型不一致，分离操作难度较大。

可能的产生过程：

绵羊屠宰过程中产生的下脚料，经过腌制，为四肢踝关节周围的毛皮。

固体废物判别依据要点：

（1）生产过程中产生的废弃物质；

（2）利用操作产生的残余物质的使用，其原因是不再好用的物质；

（3）物质的使用对人体健康或环境产生更大的风险。

可利用性：

样品中的羊毛工业利用价值不大。

备　注	可能的申报名称：毛皮碎块。 鉴别时间为2008年3月。 原国家环境保护总局等部门于2008年发布的第11号公告中的《自动许可进口类可用作原料的固体废物目录》和《限制进口类可用作原料的固体废物目录》中均没有列出毛皮废物、动物屠宰废物或类似的废物。因此，样品属于禁止进口的固体废物。

二、石膏废物（第25章）

2 硼石膏废物

外观特征描述：

浅黄色固体，湿润，有的成团状，外观无杂质。样品外观见图1。

图1

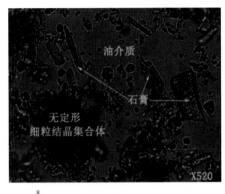

图2

理化特性分析或物质特征：

（1）样品含水率为21.0%，灰分为65.3%。

（2）主要组成及含量见表1。

表1 主要组成（除氯外的元素均以氧化物计）　　单位：%

成分	SO_3	CaO	SiO_2	Fe_2O_3	Al_2O_3	MnO	MgO	Na_2O
含量	34.61	32.77	28.71	2.63	0.39	0.32	0.16	0.13
成分	K_2O	P_2O_5	TiO_2	PbO	Cr_2O_3	Cl	ZnO	
含量	0.08	0.05	0.04	0.03	0.02	0.02	0.01	

（3）样品主要物相组成为$CaSO_4 \cdot 2H_2O$、SiO_2、Fe_3O_4等。

（4）显微镜观察，有许多柱状结晶体与许多无定形细粒结晶集合体，见图2。

（5）硼和硫酸盐的含量见表2。

表2 硼和硫酸盐的含量

成分	硼	硫酸盐
含量	1.38×10^3 mg/kg	8.89%

可能的产生过程：

化工生产中某种矿物或盐的成分与硫酸反应后所排放出含石膏的副产废渣。

固体废物判别依据要点：

（1）是生产过程中产生的废弃物质；

（2）污染控制设施产生的残余废渣；

（3）不是有意生产的物质。

可利用性：

可作石膏板原料。

备 注	可能的申报名称：硼石膏。 鉴别时间为2008年10月。 原国家环境保护总局等部门于2008年发布的第11号公告中的《自动许可进口类可用作原料的固体废物目录》和《限制进口类可用作原料的固体废物目录》中均没有列出硼石膏废物或废石膏。因此，样品属于禁止进口的固体废物。

三、矿渣、矿灰（第26章）

3 铜渣（1）

外观特征描述：

黑色粉末，颜色和颗粒不均匀，也有由粉末物质粘在一起的较大的团状物质，明显夹杂小硬块物质（石块、冶金渣、泥块等），部分黑色物质呈现银色光泽。样品外观见图1。

图1

理化特性分析或物质特征：

（1）样品中铜的含量为2.1%。

（2）对黑色粉末样品（标为1号样）以及其中颜色为黑褐色的粘在一起的大团物质（标为2号样）进行组分分析，表明样品以铁和硅为主，含有少量铜、铝、锌、硫、钙，以及其他微量成分，结果见表1。

表1 主要组成（除氯外的元素均以氧化物计）　　　　　单位：%

成分	Fe$_2$O$_3$	SiO$_2$	Al$_2$O$_3$	CuO	SO$_3$	ZnO	CaO	MgO	K$_2$O	MoO$_3$
1号	65.38	22.89	3.52	2.51	1.27	1.04	0.82	0.80	0.59	0.36
2号	59.84	25.79	2.86	2.79	0.81	2.41	2.39	0.91	0.38	0.35
成分	TiO$_2$	Co$_3$O$_4$	PbO	As$_2$O$_3$	P$_2$O$_5$	Cr$_2$O$_3$	Na$_2$O	MnO	Sb$_2$O$_3$	Cl
1号	0.23	0.15	0.15	0.07	0.06	0.06	0.04	0.03	0.02	—
2号	0.20	—	0.82	0.22	0.08	0.06	0.01	0.05	0.02	0.01

（3）电镜观察为典型的水淬渣构造特征，属铁橄榄石(Fe$_2$SiO$_4$)渣型。渣中有粒度较粗的冰铜珠，主要物相为辉铜矿(Cu$_2$S)和斑铜矿(Cu$_5$FeS)；偶见细小的金属铜珠。

可能的产生过程：

铜冶炼产生的炉渣，最可能来自造锍过程和铜锍炼粗铜过程。

固体废物判别依据要点：

（1）是生产过程中产生的废弃物质；

（2）不是有意生产的物质；

（3）物质生产没有质量控制。

可利用性：

可进一步提炼铜，也可作船舶除锈磨料。

备注	可能的申报名称：铜晶粉。 鉴别时间为2007年7月。 原国家环境保护总局2007年 第51号公告及之前进口的铜渣属于禁止进口的固体废物；原国家环境保护总局等部门于2008年发布的第11号公告中以及环境保护部等部门于2009年发布的第36号公告中的《限制进口类可用作原料的固体废物目录》中均列出了铜渣。因此，2008年第11号公告之后进口的铜渣属于限制类的废物，其进口应获得国家环保部门的许可。

4 铜渣（2）

外观特征描述：

黑色粉末，结团，明显含水，其中夹杂少许坚硬的颗粒。样品外观见图1。

图1

理化特性分析或物质特征：

（1）样品含水率为7.79%。

（2）样品主要成分及含量见表1。

表1 主要组成（以元素单质计）　　　　　单位：%

成分	C	O	Na	Mg	Al	Si	P	S	K	Ca	Ti	Cr
含量	1.286	24.31	0.096	0.128	0.238	7.937	0.001	0.208	0.069	0.078	0.049	0.087
成分	Pb	Mn	Fe	Co	Ni	Cu	Zn	Sr	Zr	Mo	Cd	Ba
含量	0.383	0.034	62.21	0.041	0.022	1.238	1.079	0.003	0.002	0.285	0.099	0.117

（3）样品物相组成主要为$Fe_{2.95}SiO_{0.05}O_4$、Fe_3O_4、Fe_2+2SiO_4、$CuFe_2O_4$，属于硅酸铁和铁的氧化物。

（4）电镜观察表明铁（Fe）主要存在于铁酸盐和铁橄榄石中，由于冶金过程中形成的铁酸盐中往往有Ca、Mg、Al代换Fe，物料中呈粒状和典型的雏晶状的铁酸盐(Fer)，基质为铁橄榄石(Fa)，见图2；渣相中可见金属铜(Cu)和辉铜矿(Cu_2S)颗粒，另见大量铁酸盐(Fer)与铁橄榄石(Fa)的连生体，见图3。

可能的产生过程：

可能来自铜冶炼渣，可能属于贫化渣并经过了磁选富集。

 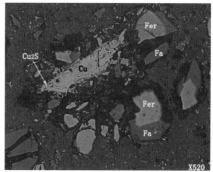

图2　　　　　　　　　　　　　　图3

固体废物判别依据要点：

（1）不是有意生产的物质；

（2）物质生产没有质量控制。

可利用性：

铜和锌的含量偏高，不利于直接作为钢铁冶炼原料。

备 注	可能的申报名称：铁砂，铁精矿。 鉴别时间为2008年1月。 原国家环境保护总局2007年第51号公告及之前进口的铜渣属于禁止进口的固体废物；原国家环境保护总局等部门于2008年发布的第11号公告中以及环境保护部等部门于2009年发布的第36号公告中的《限制进口类可用作原料的固体废物目录》中均列出了铜渣。因此，2008年第11号公告之后进口的铜渣属于限制类的废物，其进口应获得国家环保部门的许可。

5 铜渣（3）

外观特征描述：

黑色碎块状；颗粒大小和断面均无规则，有气孔；夹杂其他颜色小颗粒。样品外观见图1。

图1

理化特性分析或物质特征：

（1）样品含水率0.1%，含灰分99.9%。

（2）主要成分及含量见表1。

表1 样品成分（除氯外的元素均以氧化物计）　　　单位：%

成分	SiO_2	Al_2O_3	Fe_2O_3	CaO	CuO	ZnO	MgO	SnO_3	P_2O_5
含量	26.23	24.04	15.41	12.39	7.83	3.63	2.99	2.30	1.08
成分	TiO_2	PbO	Cr_2O_3	K_2O	MnO	SO_3	Cl	NiO	Na_2O
含量	1.41	0.28	0.82	0.69	0.14	0.05	0.06	0.26	0.20

（3）样品物相组成主要为SiO_2、γ-(Fe,C)、$CuAlO_2$、$CuFeO_2$、Fe_3O_4、$MgAl_2O_4$、$Ca(Mg,Fe+3Al)(SiAl)_2O_6$，X衍射谱图见图2。

（4）样品能谱分析显示主要含Si、Al、Ca、Fe、Cu、Mg和少量S、Cl、Ti、Zn，能谱图见图3。

（5）电镜观察样品中一块状渣，相中分散分布的金属铜颗粒（铜红色），粒度仅5~25μm；灰色结晶为铁酸盐，其中含Zn，见图4。另一渣相中嵌布少量粗粒金属铜（约0.15mm），见图5。

可能的产生过程：

一种非常规冶炼过程中产生的含铜较高的熔炼炉渣。

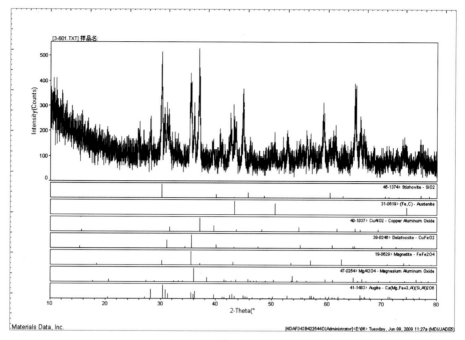

图2

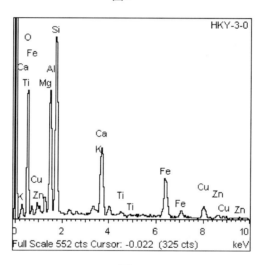

图3

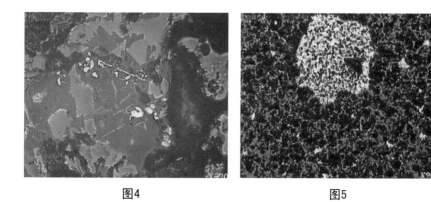

图4   图5

固体废物判别依据要点:

（1）用于金属和金属化合物的再循环/回收，其原因是生产过程中的残余物；

（2）不是有意生产的物质；

（3）没有质量控制，不符合国家或国际承认的规范/标准。

可利用性:

具有一定的提炼铜的价值。

备 注	可能的申报名称：铜矿砂，锌矿砂。 鉴别时间为2009年7月。 原国家环境保护总局等部门于2008年发布的第11号公告中的《限制进口类可用作原料的固体废物目录》中包含铜冶炼渣并注明用于修船业的除锈磨料，属于限制类的进口废物。环境保护部等部门于2009年发布的第36号公告中的《限制进口类可用作原料的固体废物目录》中也列出了铜渣。因此，2008年第11号公告之后进口的铜渣属于限制类的废物，其进口应获得国家环保部门的许可。

6 含铜为主的混合废物（1）

外观特征描述：

1号样品总体颜色呈深褐色，夹杂黑色和灰色颗粒，形状不规则，大小不均匀；2号样品总体颜色呈灰绿色，夹杂黑色颗粒，形状不规则，大小不均匀。样品外观分别见图1和图2。

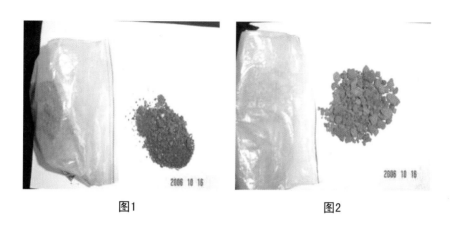

图1 图2

理化特性分析或物质特征：

（1）两个样品含水率分别为7.0%和11.4%，样品干基灼烧烧失率分别为3.6%和5.1%。

（2）样品主要成分及含量见表1。

表1 主要成分（除氯、溴外的元素均以氧化物计） 单位：%

成分	Fe_2O_3	CuO	Al_2O_3	SiO_2	SnO_2	SO_3	NiO
1号	43.78	20.79	9.04	7.46	6.25	2.49	1.96
2号	17.11	53.40	1.43	6.07	6.78	3.30	0.04
成分	P_2O_5	CaO	PbO	Na_2O	MgO	MnO	Cl
1号	1.92	1.86	1.34	0.88	0.77	0.72	0.20
2号	7.20	0.81	0.04	0.99	0.42	1.80	0.22
成分	ZnO	BaO	TiO_2	Nb_2O_5	K_2O	Br	Cr_2O_3
1号	0.19	0.13	0.10	0.05	0.04	0.01	-
2号	0.08	-	0.03	0.07	0.15	0.03	0.04

（3）1号样品主要物相组成为$CuFe_2O_4$、Fe_3O_4，2号样品为$CuFe_2O_4$、Fe_3O_4、Cu。

可能的产生过程：

回收含铜污泥经高温简单处理除掉部分有机物和水分后的产物。

第一部分 固体废物案例

13

固体废物判别依据要点：

（1）污染控制设施产生的残余物、污泥；

（2）用于金属和金属化合物的再循环/回收，其原因是污染控制设施产生的残余物、污泥；

（3）不符合标准或规范的产品；

（4）物质的使用含有对环境有害的成分。

可利用性：

铜的含量较高，具有再利用价值。

备 注	可能的申报名称：混合氧化物。 鉴别时间为2006年10月。 原国家环境保护总局等部门于2008年发布第11号公告之前的历次公布的允许进口的固体废物目录中均没有列出该类含铜混合废物。因此，样品属于禁止进口的固体废物。

外观特征描述：

棕红色粉末、颗粒、块状，大小不均匀；明显有结块，强度很小用手能掰碎，夹杂树叶叶茎。样品外观见图1。

图1

理化特性分析或物质特征：

（1）样品含水率为11.7%。

（2）主要成分及含量见表1。

表1 主要成分（除氯外的元素均以氧化物计）   单位：%

成分	Fe_2O_3	CuO	SO_3	CaO	SiO_2	Al_2O_3	P_2O_5	ZnO	BaO	Cl
含量	24.04	18.60	28.04	12.41	3.49	2.86	8.05	0.05	0.51	0.26
成分	TiO_2	SnO_3	MgO	NiO	K_2O	MnO	PbO	Na_2O	Co_3O_4	Cr_2O_3
含量	0.37	0.22	0.17	0.06	0.06	0.17	0.05	0.26	0.22	0.03

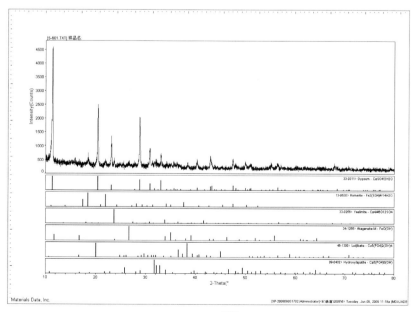

图2

（3）样品主要物相组成为$CaSO_4 \cdot 2H_2O$、$Ca_4Al_6O_{12}SO_4$、$Fe_3(SO_4)_4 \cdot 14H_2O$、$FeO(OH)$、$Cu_5(PO_4)_2(OH)_4$、$Ca_5(PO_4)_3(OH)$，X衍射谱图见图2。

（4）样品能谱分析显示主要含S、P、Ca、Fe、Cu和少量Si、Al、Ti、Fe，能谱图见图3。

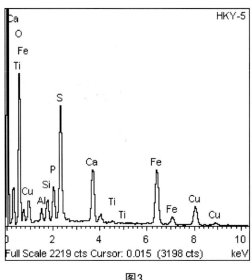

图3

可能的产生过程：

含铜物料回收过程加硫酸溶解，然后加石灰进行中和与絮凝剂沉淀并经分离脱水后的产物。

固体废物判别依据要点：

（1）污染控制设施产生的残余物、污泥；

（2）没有质量控制，不符合国家或国际承认的规范/标准。

可利用性：

可回收利用其中的铜。

备 注	可能的申报名称：铜矿砂。 鉴别时间为2009年7月。 原国家环境保护总局等部门于2008年发布的第11号公告中的《自动许可进口类可用作原料的固体废物目录》和《限制进口类可用作原料的固体废物目录》中均没有列出该类废物，而该公告的《禁止进口固体废物目录》中列出了含铜的矿渣、矿灰及残渣。因此，样品属于禁止进口的固体废物。

8 含铜为主的混合废物（3）

外观特征描述：

三个样品为绿色大块泥状物质，明显含水分，内外颜色基本一致。

理化特性分析或物质特征：

（1）三个样品含水率分别为25.6%、24.4%、24.6%。

（2）样品干基主要成分及含量见表1。

表1 主要成分（以元素单质计）　　　　　单位：%

成分	Cu	Cl	O	N	S	Fe	Cr	P	Si
1号	45.0	23.8	23.5	7.2	0.3	0.04	0.03	0.02	0.02
2号	44.6	23.6	24.0	7.3	0.3	0.04	0.03	0.03	0.02
3号	45.2	24.3	22.3	7.6	0.6	0.06	0.05	0.04	0.03

（3）将样品分别用HCl、NaOH和蒸馏水溶解，结果表明物质主要化学形态可能为碱式氯化铜和碱式硝酸铜。定性实验结果见表2。

表2 简单溶解性定性实验结果

样品	1号	2号	3号	备注
盐酸溶液	溶	溶	溶	溶液颜色均为绿色
蒸馏水	不溶	不溶	不溶	
氢氧化钠溶液	不溶	不溶	不溶	样品由绿色变为蓝色

可能的产生过程：

印刷线路板生产中产生的化学腐蚀液（或蚀刻液）回收过程中得到的铜泥，或者是生产铜质铭牌的腐蚀工艺过程，也不排除为其他工艺过程中处理含铜废水的污泥。

固体废物判别依据要点：

（1）污染控制设施产生的残余物、污泥；

（2）用于金属和金属化合物的再循环/回收，其原因是在生产过程中产生的残余物；

（3）含有对环境有害的成分。

可利用性:

可回收利用其中的铜。

备 注	可能的申报名称：铜精矿。 鉴别时间为2004年12月。 原对外贸易经济合作部、海关总署、原国家环境保护总局于2002年发布的第25号公告中的《禁止进口货物目录(第四批)》中列出了海关编号为26203000的"主要含铜的矿灰及残渣"。因此，样品属于禁止进口的固体废物。 由于鉴定时间较早，当时没有留样品照片。

9 含铜为主的混合废物（4）

外观特征描述：

外观呈褐绿色团块、粉粒，潮湿泥土状，用手可轻易捏碎，无气味。样品外观见图1和图2。

图1   图2

理化特性分析或物质特征：

（1）样品主要含水、碳酸盐、含铜化合物、含铁化合物等，无晶形结构。

（2）样品含水58.0%，其他元素按氧化物计为含氧化铜18.0%、氧化铁7.7%、氧化钙4.1%、氧化硅1.1%、氧化硫1.0%等。

可能的产生过程：

含铜废液经沉淀处理而得。

固体废物判别依据要点：

（1）污染控制设施产生的残余物、污泥；

（2）用于金属和金属化合物的再循环/回收，其原因是在生产过程中产生的残余物；

（3）物质的使用含有对环境有害的成分。

可利用性：

用于提炼铜等有价金属。

备　注	可能申报的名称：粗制氧化铜，氧化铜等。 鉴别时间为2008年6月。 原国家环境保护总局等部门于2008年发布的第11号公告中的《自动许可进口类可用作原料的固体废物目录》和《限制进口类可用作原料的固体废物目录》中均没有列出含铜污泥，而该公告的《禁止进口固体废物目录》中列出了沉积铜（泥铜）。因此，样品属于禁止进口的固体废物。

10 铝灰（1）

外观特征描述：

灰色粉状物，粉末微细均匀，外观无杂质。样品外观见图1。

图1

理化特性分析或物质特征：

（1）样品灼烧烧失率为0.89%。

（2）样品主要成分及含量见表1。

表1 主要成分（除氯、氟外的元素均以氧化物计）　　　　　　单位：%

成分	Al_2O_3	MgO	SiO_2	Cl	Na_2O	F	K_2O	CaO	Fe_2O_3	SO_3
含量	76.60	7.05	4.96	2.54	2.35	1.37	1.19	1.11	0.91	0.55
成分	CuO	ZnO	TiO_2	MnO	P_2O_5	Cr_2O_3	NiO	PbO	SnO_2	
含量	0.38	0.35	0.32	0.11	0.08	0.05	0.04	0.02	0.01	

（3）主要物相组成为Al、Al_2O_3、AlN、$MgAl_2O_4$、SiO_2、KCl、CaF_2、NaCl、KF等。

（4）显微镜下可见金属铝颗粒多呈球状，亦见一些非金属颗粒，可能为氧化铝，见图2。

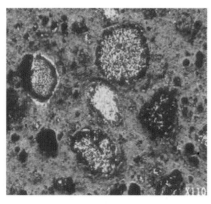

图2

可能的产生过程：

铝电解、回收废铝熔炼铝、铝型材生产、铸造铝合金生产等过程中产生的铝灰。

固体废物判别依据要点：

（1）用于金属和金属化合物的再循环/回收，其原因是在生产过程中产生的残余物；

（2）物质不是有意生产的。

可利用性：

可回收铝，生产刚玉原料，作炼钢添加剂，作建材原料等。

备 注	可能的申报名称：铝矿砂，铝灰，铝渣。 鉴别时间为2008年7月。 原国家环境保护总局等部门于2008年发布的第11号公告中的《禁止进口固体废物目录》列出了主要含铝的矿渣、矿灰及残渣。因此，样品属于禁止进口的固体废物。

11 铝灰（2）

外观特征描述：

灰色粉末，粉末颗粒不均匀，少量颗粒呈银色晶体状，个别颗粒呈浅白色。样品外观见图1。

图1

理化特性分析或物质特征：

（1）样品主要成分及含量见表1。

表1 主要成分　　　　　　　单位：%

成分	Al_2O_3	Cl	SiO_2	CaO	TiO_2	K_2O	Fe_2O_3	MgO
含量	56.41	10.86	5.6	5.11	3.64	3.52	3.44	2.99
成分	CuO	ZnO	SO_3	Na_2O	BaO	MnO	P_2O_5	
含量	2.88	1.38	1.01	0.77	0.72	0.69	0.67	

（2）样品能谱显示除大量Al外，还含一定数量的Mg、Cl、Si和少量Na、Ca、K、Ti、Fe。显微镜下可见金属铝颗粒，但内部往往有其他合金颗粒析出，图2中A点为金属铝，B点为其他物质。

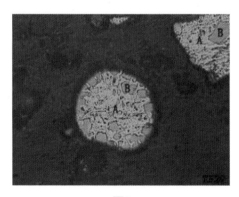

图2

（3）主要物相组成为Al_2O_3、Al、Si、$MgAl_2O_4$、$ZnAl_2O_4$、$CuAl_2O_4$、KCl、$TiCl_3$、Fe_3O_4、$Cu_{2.7}Fe_{6.3}Si$、Ca_2Si、Fe。

可能的产生过程：

回收废铝熔炼产生的铝灰。

固体废物判别依据要点：

（1）用于金属和金属化合物的再循环/回收，其原因是在生产过程中产生的残余物；

（2）物质不是有意生产的。

可利用性：

可回收铝，生产刚玉原料，作建材原料等。但氯、铜、锌等杂质的含量较高，不利于回收。

备注	可能的申报名称：灰色粉末。 鉴别时间为2008年4月。 原国家环境保护总局等部门于2008年发布的第11号公告中的《禁止进口固体废物目录》列出了主要含铝的矿渣、矿灰及残渣。因此，样品属于禁止进口的固体废物。

12 铝灰（3）

外观特征描述：

灰色粉粒、粉末状，可见白色颗粒、金属颗粒。样品外观见图1和图2。

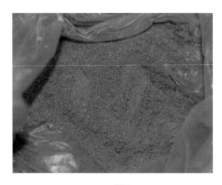 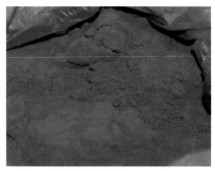

图1   图2

理化特性分析或物质特征：

主要含氧化铝、金属铝、氯化物等。

可能的产生过程：

炼铝过程中产生的氧化铝粉尘、溅出的金属铝小颗粒等的混合物。

固体废物判别依据要点：

（1）用于金属和金属化合物的再循环/回收，其原因是在生产过程中产生的残余物；

（2）物质不是有意生产的。

可利用性：

提取铝。

备 注	可能的申报名称：铝矿砂。 鉴别时间为2008年9月。 原国家环境保护总局等部门于2008年发布的第11号公告中的《禁止进口固体废物目录》列出了主要含铝的矿渣、矿灰及残渣。因此，样品属于禁止进口的固体废物。

外观特征描述：

灰色不规则团块和粉末的混合物，有金属颗粒。样品外观见图1和图2。

图1 图2

理化特性分析或物质特征：

（1）主要成分为金属铝、氧化铝，少量硅铝酸盐等。

（2）颗粒大小不一，如炉渣状；可见有金属颗粒，似金属铸模时的溅出物。

可能的产生过程：

炼铝过程中产生的氧化铝粉尘、溅出的金属铝小颗粒等的混合物。

固体废物判别依据要点：

（1）用于金属和金属化合物的再循环/回收，其原因是在生产过程中产生的残余物；

（2）物质不是有意生产的。

可利用性：

可提取铝。

备注	可能的申报名称：冶炼铝灰渣。 鉴别时间为2008年12月。 原国家环境保护总局等部门于2008年发布的第11号公告中的《禁止进口固体废物目录》列出了主要含铝的矿渣、矿灰及残渣。因此，样品属于禁止进口的固体废物。

14 含钴废物（1）

外观特征描述：

灰色不规则颗粒和粉末，颜色和颗粒不均，大颗粒强度很小，用手能掰碎，有的颗粒里面颜色较杂。样品外观见图1（红色塑料袋中为样品）。

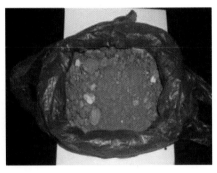

图1

理化特性分析或物质特征：

（1）样品堆密度为1.07t/m³，含水率为16.73%。

（2）样品主要成分及含量见表1。

表1 主要成分（除氯外的元素均以氧化物计）　　　单位：%

成分	ZnO	PbO	SO₃	Co₃O₄	CuO	CdO	Sb₂O₃	Fe₂O₃	NiO	SrO
含量	38.15	15.27	14.59	13.89	7.92	3.77	1.71	1.33	0.67	0.58
成分	SiO₂	K₂O	MgO	MnO	Al₂O₃	CaO	Cl	P₂O₅	Na₂O	
含量	0.54	0.49	0.35	0.30	0.28	0.09	0.05	0.01	0.01	

（3）样品物相组成以硫酸盐为主，包括$PbSO_4$、$ZnSO_4 \cdot 3Zn(OH)_2$、$C_6Fe_2O_{12}$、$CoCO_3$、CoO、Cu_2SO_4、$CoSO_4$。

（4）样品抛光片中所见"团块"的典型电子图像表明部分颗粒呈较完整的结晶(粒状和针状)，部分则为不规则集合体，见图2。

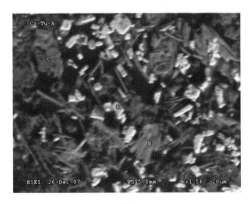

图2

可能的产生过程：

有色金属冶炼过程中产生的回收钴富集混合物（如湿法炼锌过程）。

固体废物判别依据要点：

（1）用于金属和金属化合物的再循环/回收，其原因是生产过程中产生的残余物；

（2）物质含有对环境有害的成分；

（3）物质的生产没有质量控制，不符合国家或国际承认的规范/标准。

可利用性：

含钴量高，具有较高提取价值，但样品中含有多种有害重金属。

备 注	可能的申报名称：钴矿。 鉴别时间为2008年1月。 原国家环境保护总局等部门于2008年发布的第11号公告以及之前历次公布的允许进口的固体废物目录中均没有列出该类废物。因此，样品属于禁止进口的固体废物。

15 含钴废物（2）

外观特征描述：

样品为三个，外观特征见表1。

表1 样品外观特征

样品	特征/状态
1号	样品颜色为黑灰色，呈大小不一的块状
2号	样品颜色为黑灰色，呈大小不一的块状
3号	样品颜色为灰褐色，呈泥浆状

理化特性分析或物质特征：

（1）样品含水率和干基灼烧烧失率见表2。

表2 含水率和干基灼烧烧失率　　　　　　单位：%

样品	含水率	烧失率
1号	8.55	13.19
2号	7.15	10.63
3号	74.87	19.65

（2）样品物相组成见表3。

表3 样品物相组成

样品	1号	2号	3号
物相组成	$LiCoO_2$ + SiO_2	$LiCoO_2$	Co_2SiO_4 + Ca_2Si + Co_2O_3

（3）样品主要成分及含量见表4。

表4 主要成分（以元素单质计）　　　　　　单位：%

成分	1号	2号	3号	成分	1号	2号	3号
Co	65.17	66.84	66.93	Fe	—	0.03	0.18
O	26.84	26.89	29.35	P	—	0.08	0.09
Li	4.81	5.25	0.60	Al	0.01	0.02	0.11
Ca	—	0.05	0.99	Zn	—	—	0.14
Si	0.04	0.03	0.63	Mg	0.10	0.09	0.07
S	0.04	0.04	0.34	Ni	0.33	—	0.09
Na	—	—	0.41	Mn	2.06	0.02	—

（4）单独测定样品干基中的锂，结果见表5。

表5 锂的含量　　　　　单位：%

样品	1号	2号	3号
Li	4.81	5.25	6.93

可能的产生过程：

1号样品和2号样品是废钴酸锂，可能来源包括：一是生产钴酸锂时产生的不合格品；二是钴酸锂作电池极片材料时要与胶混合才能粘在箔纸上，产生的没有混合好的产品和边角料；三是从废钴锂电池或废极片上回收的废钴酸锂。

3号样品的主要成分是氧化钴以及少量的硅酸钴和硅化钙的混合物，可能是生产钴酸锂所使用的废原料或生产中的回收物。

固体废物判别依据要点：

（1）用于金属和金属化合物的再循环/回收，其原因是不符合质量标准或规范的产品，或者是生产过程中产生的残余物；

（2）物质的生产没有质量控制，不符合国家或国际承认的规范/标准。

可利用性：

含钴量较高，具有较高提取价值。

备 注	可能的申报名称：氧化钴。 鉴别时间为2005年10月。 原国家环境保护总局等部门于2005年发布的第5号公告《自动进口许可管理类可用作原料的废物目录》和《限制进口类可用作原料的废物目录》中都没有列出"钴酸锂废物"和"氧化钴废物"或"其他含钴废物"。因此，样品属于禁止进口的固体废物。 由于鉴定时间较早，没有留下样品照片。

16 含锌为主的混合废物（1）

外观特征描述：

灰色粉状物，有少量结块，并夹杂细小的白色颗粒，手捻有砂粒感。样品外观见图1。

图1

理化特性分析或物质特征：

（1）样品的含水率为1.74%，样品干基灼烧烧失率为1.73%。

（2）样品主要成分及含量见表1。

表1 主要成分（除氯、溴外的元素均以氧化物计） 单位：%

成分	ZnO	Cl	PbO	K_2O	SO_3	SeO_2	Fe_2O_3
含量	55.03	36.86	6.70	0.70	0.20	0.16	0.08
成分	SnO_2	SiO_2	CuO	Br	Al_2O_3	ZrO_2	CdO
含量	0.06	0.06	0.04	0.03	0.03	0.02	0.02

（3）主要物相构成为ZnO、Zn、ZnOHCl等。

（4）样品中含有较高的ZnCl。样品中存在白色的氯化锌颗粒，样品中氧化锌与氯化锌不是同时产生，在氯化锌的产生过程中遇水发生水解反应，使得样品中含有羟基氯化锌。

可能的产生过程：

氧化锌废渣与氯化锌废渣的混合物。

固体废物判别依据要点：

（1）用于消除污染的物质回收，其原因是生产中产生的残余物；

（2）物质含有对环境有害的成分；

（3）物质的生产没有质量控制，不符合国家或国际承认的规范/标准。

可利用性：

商业价值不高。

备　注	可能的申报名称：氧化锌。 鉴别时间为2006年10月。 原国家环境保护总局等部门于2008年发布的第11号公告之前历次公布的允许进口的固体废物目录中均没有列出该类废物，样品属于禁止进口的固体废物。

外观特征描述：

灰黑色粉末颗粒，明显有结球和块状大颗粒，用手易掰碎。样品外观见图1。

图1

理化特性分析或物质特征：

（1）样品的含水率为11.7%，样品干基灼烧烧失率1.9%。

（2）样品主要成分及含量见表1。

表1 主要成分（除氯外的元素均以氧化物计）　　　单位：%

成分	ZnO	SiO$_2$	Al$_2$O$_3$	CuO	Fe$_2$O$_3$	CaO	SO$_3$	PbO
含量	46.58	20.07	10.52	8.6	4.39	3.63	1.73	1.09
成分	P$_2$O$_5$	K$_2$O	MgO	MnO	Cl	SnO$_2$	TiO$_2$	Cr$_2$O$_3$
含量	0.85	0.54	0.42	0.39	0.29	0.24	0.23	0.19

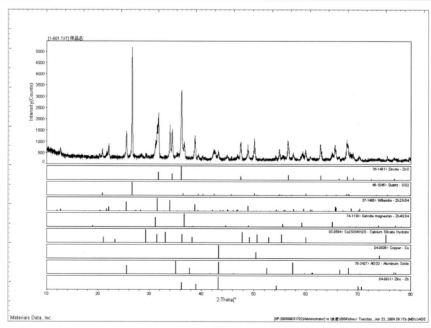

图2

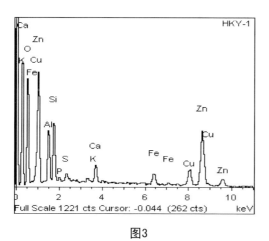

| 图3 | 图4 |

（3）主要物相构成为ZnO、SiO$_2$、ZnAl$_2$O$_4$、ZnSiO$_4$、Al$_2$O$_3$、Cu、Fe$_3$O$_4$、CaSO$_4$·2H$_2$O等，X射线衍射谱图见图2。

（4）对样品进行能谱分析，结果显示主含Zn、Cu、Si、Al、Ca、Fe和少量K、S、P，能谱图见图3；扫描电镜观察，样品多是由不规则粒状或片状结晶粘结而成的集合体，有些颗粒表面有熔融现象。放大1 000倍的二次电子图像见图4。

可能的产生过程：

含锌、铜等废料（如烟尘、炉渣）等经非常规冶炼工艺产生的含锌为主的粉尘收集物。

固体废物判别依据要点：

（1）物质不是有意生产的；

（2）含有对环境有害的成分，同被替代的相应原料或产品相比，物质的使用增加了环境风险；

（3）物质的生产没有质量控制，不符合国家或国际承认的规范/标准。

可利用性：

可提取锌和铜。

| 备　注 | 可能的申报名称：锌矿砂，氧化锌。
鉴别时间为2009年7月。
原国家环境保护总局等部门于2008年发布的第11号公告中的《自动许可进口类可用作原料的固体废物目录》和《限制进口类可用作原料的固体废物目录》中均没有包含该废物种类，而该公告的《禁止进口固体废物目录》中列出了含锌的矿渣、矿灰及残渣。因此，样品属于禁止进口的固体废物。 |

外观特征描述：

大小不一的球形颗粒，棕褐色、干燥，手摸有粉尘。样品外观见图1。

图1

理化特性分析或物质特征：

（1）粒径8~12mm，硬度2kg/cm^2。

（2）样品主要成分及含量见表1。

表1　主要成分（除氯、溴外的元素均以氧化物计）　　单位：%

成分	ZnO	Fe$_2$O$_3$	Cl	PbO	SiO$_2$	CaO	K$_2$O	MnO
含量	37.27	31.82	8.12	6.19	4.33	3.37	3.26	2.83
成分	MgO	Al$_2$O$_3$	CuO	Br	P$_2$O$_5$	TiO$_2$	CdO	Na$_2$O
含量	1.18	0.51	0.34	0.31	0.20	0.19	0.07	0.01

（3）样品物相组成主要为ZnO、ZnFe$_2$O$_4$以及少量的FeSi、Ca$_6$(SiO$_4$)(Si$_3$O$_{10}$)、Pb$_2$Fe(CN)·4H$_2$O。

可能的产生过程：

电炉炼钢产生的集尘灰并经初步加工成球状固体物质。

固体废物判别依据要点：

（1）用于金属和金属化合物的再循环/回收，其原因是污染控制设施产生的残余物；

（2）物质含有对环境有害的成分；

（3）物质的生产没有质量控制，不符合国家或国际承认的规范/标准。

可利用性：

可提取锌化合物，但样品浸出液中Pb、Cd、Zn浓度超过我国危险废物鉴别标准的限值。

备 注	可能的申报名称：含锌原料，氧化锌。 鉴别时间为2007年9月。 原国家环境保护总局等部门2005年第5号公告发布的《自动进口许可管理类可用作原料的废物目录》和《限制进口类可用作原料的废物目录》中均没有包括该类废物。因此，样品属于禁止进口的固体废物。

19 含锌为主的混合废物（4）

外观特征描述：

灰色细颗粒，颗粒大小和颜色不均匀，明显有结块，用手能掰碎。样品外观见图1。

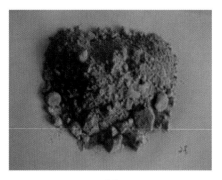

理化特性分析或物质特征：

（1）样品的含水率为1.74%，样品干基灼烧烧失率为1.73%。

（2）样品主要成分及含量见表1。

图1

表1 主要成分（除氯外的元素均以氧化物计）　　　　单位：%

成分	ZnO	Al$_2$O$_3$	Cl	SiO$_2$	Fe$_2$O$_3$	MgO	SO$_3$	CaO
含量	68.18	22.49	4.03	1.24	0.98	1.08	0.89	0.61
成分	K$_2$O	TiO$_2$	Cr$_2$O$_3$	P$_2$O$_5$	CuO	NiO	Na$_2$O	
含量	0.31	0.06	0.03	0.03	0.04	0.02	0.01	

（3）样品物相组成主要为ZnO、ZnAl$_2$O$_4$、Zn(OH)$_8$Cl$_2$·H$_2$O、KCa$_4$Si$_8$O$_{20}$F·8H$_2$O、SiO$_2$、Al$_2$O$_3$，X衍射谱图见图2。

（4）取一块小碎片进行能谱分析，显示主含Zn、Al、O和少量Fe、Ca、Si、Cl，能谱图见图3；扫描电镜观察可以看到一些结晶体，有些呈晶簇状，放大500倍的二次电子图像见图4。

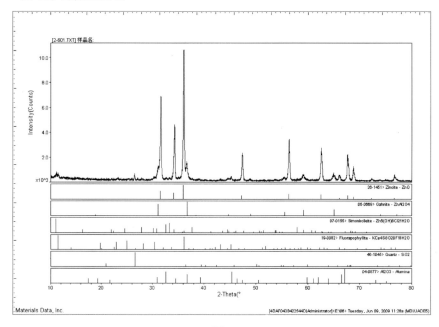

图2

固体废物属性鉴别案例手册

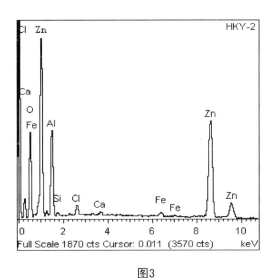

图3   图4

可能的产生过程：

可能是富含Zn、Al的某种回收废料（如合金行业的粉末废料），经转化进入溶液中，再进行中和沉淀，然后沉淀物分离（不排除使用含铝或含氯的絮凝剂）并经脱水后形成的产物。

固体废物判别依据要点：

（1）利用操作产生的残余物质的使用，其原因是生产过程中产生的残余物，或者是不再好用的物质；

（2）样品无论作为氧化锌（ZnO）还是作为$Zn(OH)_8Cl_2·H_2O$来使用，都"不满足产品质量标准"，如从氧化锌含量和成分上都不满足《工业活性氧化锌》（HG/T 2572—2006）、《间接法生产氧化锌产品》（GB/T 3185—1992）、《直接法生产氧化锌产品》（GB/T 3494—1996）、《饲料添加剂 碱式氯化锌》（GB/T 22546—2008）的要求，从锌的物相组成也不满足《副产品氧化锌标准》（YS/T 73—1994）的要求。

可利用性：

锌的含量较高，可提取锌化合物。

备 注	可能的申报名称：锌矿砂，氧化锌，氯化锌，碱式氯化锌。 鉴别时间为2009年7月。 原国家环境保护总局等部门于2008年发布的第11号公告中的《自动许可进口类可用作原料的固体废物目录》和《限制进口类可用作原料的固体废物目录》中均没有包含该废物种类，而《禁止进口固体废物目录》中列出了含锌的矿渣、矿灰及残渣。因此，样品属于禁止进口的固体废物。

20 热镀锌渣

外观特征描述:

银灰色不规则块状固体,大小不均匀,表面粗糙,不含水,坚硬。样品外观见图1。

图1

理化特性分析或物质特征:

(1)样品主要成分及含量见表1。

表1 主要成分(以元素单质计)　　　　　单位:%

组成	Zn	Al	Sb	Fe	Si	Cl	S
含量	96.1	2.86	0.59	0.21	0.15	0.06	0.02

(2)样品物相结构主要是金属锌和氧化锌,少量其他组分。

(3)热镀锌过程中增加铝主要目的是进一步增强钢板镀层的抗氧化性,增加锑的目的是进一步增加镀层的附着强度。

可能的产生过程:

热浸镀锌工艺产生的锌渣。

固体废物判别依据要点:

(1)用于金属和金属化合物的再循环/回收,其原因是在生产过程中产生的残余物;

(2)物质不是有意产生的。

可利用性:

锌的含量高,利用价值大。

备　注	可能的申报名称:锌废碎料。 鉴别时间为2007年1月。 原国家环境保护总局等部门于2008年发布的第11号公告及之前历次公布的允许进口的固体废物目录中均没有列出热镀锌渣废物。因此,样品属于禁止进口的固体废物。

外观特征描述:

不规则的坚硬块状固体,大小不均匀,有小气孔,主体呈黑色,有的表面有白色斑点,个别断面有较小的银色晶状物,样品经过破碎处理。样品外观见图1和图2。

图1   图2

理化特性分析或物质特征:

(1) 样品主要成分及含量见表1。

表1 主要成分(除氯外的元素均以氧化物计)   单位:%

成分	Fe_2O_3	SiO_2	ZnO	CaO	Al_2O_3	SO_3	PbO	MgO	K_2O	Co_3O_4
含量	35.30	20.24	18.70	11.86	4.89	2.96	2.21	1.29	1.14	0.45
成分	CuO	MnO	TiO_2	P_2O_5	As_2O_3	Sb_2O_3	NiO	Cr_2O_3	Cl	Na_2O
含量	0.23	0.20	0.18	0.12	0.09	0.05	0.03	0.02	0.02	0.01

(2) 主要物相组成为FeO、ZnO、SiO_2、Fe_3O_4、PbO、$Ca_2FeAl_2(SiO_4)(Si_2O_7)(OH)$、$Ca_2ZnSi_2O_7$。

(3) 磨制抛光片在镜下进行观察,其为复杂的硅酸盐相和细粒金属铅相,Zn主要和Fe、Ca、Mg一起存在于硅酸盐相中。

可能的产生过程:

铅锌矿非现代工艺提取铅之后的高温熔融产物,金属氧化物在高温下互熔形成硅酸盐炉渣。

固体废物判别依据要点:

(1) 用于金属和金属化合物的再循环/回收,其原因是在生产过程中产生的残余物;

(2) 物质不是有意产生的。

可利用性：

可提炼锌。

备　注	可能的申报名称：烧结锌矿石。 鉴别时间为2008年4月。 原国家环境保护总局等部门于2008年发布的第11号公告中的《自动许可进口类可用作原料的固体废物目录》和《限制进口类可用作原料的固体废物目录》中均没有列出该类废物，该公告的《禁止进口固体废物目录》中列出了"其他主要含锌的矿渣、矿灰及残渣"；在2009年环境保护部等部门发布的第36号公告中的《限制进口类可用作原料的固体废物目录》中增列了"2620190010含锌大于12%的烧结铅锌冶炼矿渣（用作锌冶炼的原料）"，并要求"Pb<2.5%，As<0.1%"，但其进口应获得国家环保部门的许可。因此，样品在委托当时属于禁止进口的固体废物。

22 铅及含铅废料

外观特征描述：

不规则块状固体，灰黑色，表面粗糙，大小不一；有的表面有熔炼或烧结痕迹；有的块状上可见银色发光金属晶体；有的块状比重较轻并有气孔；有的块状中夹杂少许黄色物质；有的块状有金属光泽。两个样品外观见图1和图2。

图1　　　　　　　　　　　　　　图2

理化特性分析或物质特征：

（1）样品主要成分及含量见表1。

表1　主要成分（以元素单质计）和物质结构　　　单位：%

	成分	Pb	Sb	Fe	Ca	Na	Si	Al	物相
1号	较重部分	95.5	4.5						PbS和Pb，少量$Cu_{2+2}O(SO_4)$,PbO,Pb_5O_8
	较轻部分	70.3	23.3	6.4					PbS和Pb，少量的Fe_3O_4
2号	较重部分	95.2	3.8	1.0					PbS和Pb，少量$Cu_{2+2}O(SO_4)$,$Pb_5Sb_2O_8$,Sb_2O_5
	较轻部分	37.0		34.4	7.2	3.5	11.4	2.5	PbS和Pb，少量$Cu_{2+2}O(SO_4)$,$FeSi_2$,PbO

（2）镜下观察和扫描电镜能谱分析表明，样品的主要相组成为金属铅和硫化铅，少量铅的氧化物相。由于存在明显的气孔，说明不是浇铸的铅锭；据其化学成分含银（Ag）12g/t，说明不是由铅精矿生产出来的中间产品——粗铅。

（3）样品中铅（Pb）的含量高于一般铅精矿。

可能的产生过程：

以铅回收物料（废铅酸蓄电池）为主的原料经过简单熔炼后的产物。

固体废物判别依据要点：

（1）用于金属和金属化合物的再循环/回收，其原因是不符合质量标准或规范的产品；

（2）物质含有对环境有害的成分。

可利用性：

铅含量高于铅精矿中铅的含量，可作再生铅原料。

备 注	可能的申报名称：未锻轧铅合金。 鉴别时间为2007年4月。 原国家环境保护总局等部门于2008年发布的第11号公告以及之前历次公布的允许进口的固体废物目录中均没有列出该类废物。因此，样品属于禁止进口的固体废物。

23 含铅冶炼渣

外观特征描述：

灰黑色、多孔的块状，夹杂灰白色、黄褐色、红褐色的颗粒，断口具有钢灰色的金属光泽；部分样品包裹有木炭状碎块。不同块状样品的密度明显不同。样品外观见图1和图2。

图1

理化特性分析或物质特征：

（1）样品具有蜂窝状结构和流动构造，表明其经历过熔融过程。

（2）样品成分复杂，主要成分为Pb和Si，并含Sb、Al、Fe、S、Ca、Sn、Ba等。

（3）样品均匀性很差，随机抽取密度较大和较小的两块样品，用化学法测定其中的Pb含量，结果分别为30.37%和39.49%。

（4）物相分析表明样品的衍射峰很微弱。

图2

可能产生过程：

回收铅的再熔物。

固体废物判别依据要点：

（1）用于金属和金属化合物的再循环/回收，其原因是不符合质量标准或规范的产品；

（2）物质含有对环境有害的成分。

可利用性：

样品为主要含铅的冶炼渣。

备 注	可能的申报名称：铅矿，铅锭。 鉴别时间为2008年7月和2009年6月。 原国家环境保护总局等部门于2008年发布的第11号公告中的《自动许可进口类可用作原料的固体废物目录》和《限制进口类可用作原料的固体废物目录》中均没有列出该类废物，该公告中的《禁止进口固体废物目录》中列出了"其他主要含铅的矿渣、矿灰及残渣"。因此，样品属于禁止进口的固体废物。

24 渣钢铁

外观特征描述：

不规则的瘤状、粒状、块状、蜂窝状固体混合物，大小不一；整体呈灰色；表面可见铁锈斑点，也可见亮白色晶体；比重不均匀，强度较大；不同大小的样品都具有磁性；可见混杂的个别废金属部件。样品外观见图1。

图1

理化特性分析或物质特征：

（1）化学法分析样品主要成分及含量见表1。

表1 主要组成（以元素单位计）　　　　单位：%

成分	C	S	P	Si	Fe	Mn	Pb	Zn
	4.29	0.34	0.092	3.27	47.85	0.31	0.007 4	0.002 5
不同样点的含量	3.81	0.15	0.088	3.77	50.14	0.40		0.003 8
	4.02	0.47			90.28			

（2）对样品中渣相进行能谱分析，表明除少量Fe外皆为冶炼过程中的造渣组分（Si、Al、Mg、Ti、Mn等）及有害杂质组分（S或P），能谱图见图2，对样品中金属相进行能谱分析，表明为铁，能谱图见图3。

（3）样品电镜下观察看到金属铁夹杂的渣相，渣相主要由硅酸盐相即磁铁矿相组成，见图4和图5。

（4）钻取样块的粉末进行X射线衍射分析，表明样品中除金属铁外，还有碳酸钙、氢氧化钙、炭颗粒。

可能的产生过程：

钢铁冶炼过程中产生的渣钢铁，很可能属于炼铁过程中产生的渣铁。

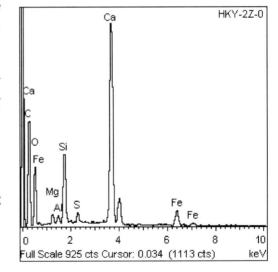

图2

固体废物判别依据要点：

（1）生产过程中的废弃物质；

（2）生产中产生的残余物；

（3）回收利用的方式属于金属和金属化合物的再循环/回收。

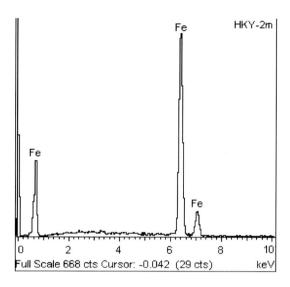

图3

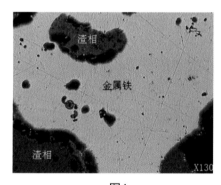

图4

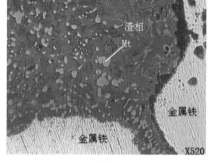

图5

可利用性：

含铁量在75%～82%，可作为钢铁冶炼的较好原料。

备 注	可能的申报名称：生铁，生铁颗粒，生铁粉末。 鉴别时间为2009年8月。 原国家环境保护总局等部门于2008年发布的第11号公告中的《禁止进口固体废物目录》中列出了"2619000090冶炼钢铁所产生的其他熔渣、浮渣及其他废料"；在2009年环境保护部等部门发布的第36号公告中的《限制进口类可用作原料的固体废物目录》中增列了"2619000030 含铁大于80%的冶炼钢铁产生的渣钢"，并要求"含铁量>80%，S 和P 总量<0.05%"，但其进口应获得国家环保部门的许可。因此，该样品货物在进口报关时属于禁止进口的固体废物。

25 轧钢产生的氧化皮

外观特征描述：

样品为钢灰色碎片和灰黑色细小颗粒及粉末；碎片呈现金属光泽，具有脆性，断口呈多孔状。样品外观见图1。

图1

理化特性分析或物质特征：

（1）样品主要成分及含量见表1。

表1 主要组成（以元素单质计）　　　　　单位：%

成分	Fe	Mn	Ca	Al	Ti	Cu
含量	70.20	0.49	0.52	0.22	0.02	0.04

（2）样品主要物相组成为FeO，并含有少量的Fe_3O_4。

可能的产生过程：

钢厂轧钢过程中产生的氧化皮。

固体废物判别依据要点：

（1）用于金属和金属化合物的再循环/回收，其原因是在生产过程中产生的残余物；

（2）物质不是有意生产的。

可利用性：

可作为硅铁合金的生产原料，也可作为高炉炼铁的部分掺加配料。

备　注	可能的申报名称：氧化皮。 鉴别时间为2008年7月。 原国家环境保护总局等部门于2008年发布的第11号公告中的《限制进口类可用作原料的固体废物目录》中列出了轧钢产生的氧化皮。因此，样品属于限制进口的固体废物。

26 冶炼钢铁产生的除尘灰

外观特征描述：

黑色粉末，潮湿，具有磁性，结团（球），用手掰开团状大颗粒可见银色晶粒。样品外观见图1。

图1

理化特性分析或物质特征：

（1）含水率5.3%，灼烧后样品反而增重1.6%，颜色变成褐色，说明样品发生了氧化反应。

（2）样品主要成分及含量见表1。

表1 主要成分（硅、钙、镁以氧化物计，其他元素以单质计）　　　　单位：%

成分	Fe	CaO	SiO$_2$	S	P	Zn	Mn	MgO	As
含量	58.98	7.98	1.39	0.054	0.073	1.08	0.58	1.82	<0.01

（3）样品主要物相组成为FeO、Fe、Fe$_3$O$_4$、ZnFe$_2$O$_4$、MgFe$_2$O$_4$、CaCO$_3$等。

（4）样品能谱分析表明主含Fe和Ca的氧化物，另见少量其他杂质，见图2。

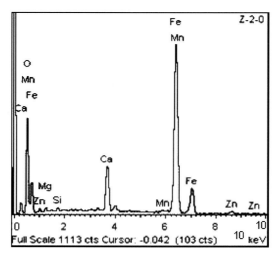

图2

（5）电镜观察大部分呈细小的球状，少部分呈不规则状，珠体之间有粘连现象。见图3，分析点A能谱为铁的氧化物，分析点B能谱为铁酸钙（氧化钙和氧化铁反应生成物）。

图3

可能的产生过程：

钢铁冶炼产生的除尘灰，可能来自转炉炼钢的除尘灰。

固体废物判别依据要点：

（1）污染控制设施产生的残余物；

（2）用于消除污染物的回收，其原因是污染控制设施产生的残余物；

（3）物质不是有意产生的。

可利用性：

珠体之间有粘连现象，难以用磁选法分选；样品中锌的含量较高，不宜单独作炼铁原料。

备 注	可能的申报名称：黑色钢铁粉末，钢铁熔渣。 鉴别时间为2008年5月。 原国家环境保护总局等部门于2008年发布的第11号公告中的《禁止进口固体废物目录》中列出了"2619000090冶炼钢铁所产生的其他熔渣、浮渣及其他废料"。因此，样品属于禁止进口的固体废物。

27 含铋废物

外观特征描述：

土黄色柔软泥状固体，轻轻挤压就能使其变形，夹杂褐色、灰色、白色、黑色不规则颗粒，有异味。样品外观见图1（塑料袋中为样品）。

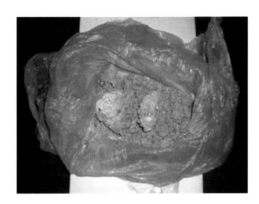

图1

理化特性分析或物质特征：

（1）样品主要成分及含量见表1。

表1 主要成分（除氯外的元素均以氧化物计）　　　　　单位：%

成分	PbO	Na$_2$O	MgO	CaO	Bi$_2$O$_3$	SiO$_2$	Al$_2$O$_3$	Sb$_2$O$_3$
含量	41.08	21.00	16.55	7.56	7.54	1.83	1.32	0.99
成分	ZnO	Cl	SO$_3$	As$_2$O$_3$	Fe$_2$O$_3$	ZrO$_2$	P$_2$O$_5$	
含量	0.67	0.53	0.36	0.23	0.22	0.21	0.01	

（2）主要物相组成为PbO、Mg(OH)$_2$、Ca(OH)$_2$、Pb、Na$_2$CO$_3$·H$_2$O、Na$_3$BiO$_4$、Ca$_2$PbO$_4$、CaMgSi$_2$O$_6$。

（3）按照《硫酸 硝酸法（HJ/T 299）》浸出方法和《固体废物浸出毒性测定方法（GB/T 15555）》进行浸出毒性实验，浸出液中Pb和As的浓度分别为453.0mg/L和7.0mg/L。

（4）按照《固体废物浸出毒性浸出方法 水平法（GB 5086.1）》和《固体废物腐蚀性测定 玻璃电极法（GB/T 15555.12）》进行危险废物腐蚀性鉴别实验，浸出液的pH值为13.3。

可能的产生过程：

有色金属（铜、铅、铋）冶炼过程中产生的回收铋的混合物，铋冶炼产生的烟尘和钙镁铋渣的混合物。

固体废物判别依据要点：

（1）用于金属和金属化合物的再循环/回收，其原因是生产过程中产生的残余物；

（2）物质含有对环境有害的成分；

（3）物质的生产没有质量控制，不符合国家或国际承认的规范/标准。

可利用性：

成分复杂，分离难度大，属于危险废物。

备 注	可能的申报名称：铋矿，铋渣。 鉴别时间为2008年1月。 原国家环境保护总局等部门于2008年发布的第11号公告以及之前历次公布的允许进口的固体废物目录中均没有列出该类废物。因此，样品属于禁止进口的固体废物。

28 含镉废物

外观特征描述:

灰色,颜色不均匀;颗粒状,不均匀,有较大结块,明显含砂粒。两个样品外观见图1和图2。

图1 图2

理化特性分析或物质特征:

(1)2个样品含水率分别为14.13%和16.68%,样品干基灼烧烧失率分别为19.69%和13.65%。

(2)样品主要成分及含量见表1。

表1 主要成分(除氯外的元素均以氧化物计) 单位:%

成分	CdO	ZnO	SO₃	CaO	CuO	PbO	Fe₂O₃	SiO₂	Al₂O₃
1号	49.33	17.88	15.71	5.09	3.92	1.96	1.44	1.34	1.05
2号	47.32	18.42	15.34	5.02	3.20	2.01	3.07	2.65	1.07
成分	Cl	MgO	Sb₂O₃	Co₂O₄	NiO	MnO	Cr₂O₃	V₂O₅	TiO₂
1号	0.94	0.45	0.31	0.24	0.20	0.09	0.04		
2号	0.44	0.51	0.22	0.19	0.18	0.22		0.07	0.07

(3)1号样品物相结构主要为ZnS、CdS、$CdSO_3$、$CaSO_4(H_2O)_2$,谱图见图2;2号样品主要为$Cd(OH)_2$、ZnS、CdS、$CdSO_3$、$CaSO_4(H_2O)_2$等,谱图见图3。

可能的产生过程:

炼锌过程中产生的Cd富集混合物。

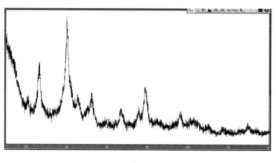
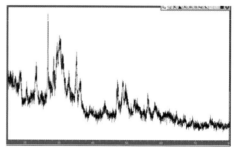

图2 图3

固体废物判别依据要点：

（1）用于金属和金属化合物的再循环/回收，其原因是生产过程中产生的残余物；

（2）物质含有对环境有害的成分；

（3）物质的生产没有质量控制，不符合国家或国际承认的规范/标准。

可利用性：

镉的含量较高，具有进一步提取价值，但样品中含有多种有害组分。

备 注	可能的申报名称：未锻轧的粗镉。 鉴别时间为2007年3月。 原国家环境保护总局等部门于2005年发布的第5号公告中的《自动进口许可管理类可用作原料的废物目录》和《限制进口类可用作原料的废物目录》中均没有包括该类废物。因此，样品属于禁止进口的固体废物。

29 钒渣

外观特征描述：

形态为粉末状，干燥且均匀，样品呈灰绿色。

理化特性分析或物质特征：

（1）样品含水率为0.6%，样品干基灼烧烧失率为2.48%。

（2）样品主要成分及含量见表1。

表1 主要成分（除氯外的元素均以氧化物计）　　　　单位：%

成分	CaO	V_2O_5	SiO_2	Fe_2O_3	NiO	MgO	Al_2O_3	SO_3
含量	45.22	22.80	16.06	2.90	1.94	3.5	3.90	1.91
成分	TiO_2	K_2O	Na_2O	MoO_3	MnO	P_2O_5	ZrO_2	Cl
含量	0.66	0.54	0.27	0.08	0.03	0.07	0.03	0.03

可能的产生过程：

电厂燃烧奥里油的油灰经过简单处理（富集钒）后的产物。

固体废物判别依据要点：

（1）污染控制设施产生的残余物；

（2）用于金属和金属化合物的再循环/回收，其原因是污染控制设施产生的残余物。

可利用性：

具有提取钒的价值。

备 注	可能的申报名称：钒渣。 鉴别时间为2005年5月。 原国家环境保护总局等部门于2005年发布的第5号公告中的《限制进口类可用作原料的废物目录》以及2008年第11号公告发布的《限制进口类可用作原料的固体废物目录》中均列出该类废物。因此，样品属于限制进口的固体废物。 由于鉴定时间较早，没有留下样品照片。

30 含钒废物

外观特征描述：

深黑色，呈细棱柱状，长1～4mm，明显含有油污，具有油味。样品外观见图1。

图1

理化特性分析或物质特征：

（1）样品含水率0.32%，样品干基灼烧烧失率为2.95%。

（2）样品主要成分及含量见表1。

表1 主要成分（除氯外的元素均以氧化物计）　　　　单位：%

成分	Al_2O_3	V_2O_5	SO_3	MoO_3	NiO	Fe_2O_3	P_2O_5
含量	42.43	22.77	18.82	6.36	5.4	2.29	1.07
成分	SiO_2	Na_2O	CaO	ZnO	Cl	ZrO_2	
含量	0.29	0.25	0.18	0.05	0.02	0.02	

（3）用正己烷洗涤样品至正己烷颜色本色，将试样烘干、称重，用该法测得含油污率为16.17%。

可能的产生过程：

石油炼制过程中产生的含钒废渣。

固体废物判别依据要点：

（1）污染控制设施产生的残余物，也属于被污染的材料；

（2）用于金属和金属化合物的再循环/回收，其原因是污染控制设施产生的残余物。

可利用性：

可提取钒。

备 注	可能的申报名称：钒渣（含五氧化二钒≥10%）。 鉴别时间为2007年1月。 原国家环境保护总局等部门于2005年发布的第5号公告中的《限制进口类可用作原料的废物目录》以及2008年第11号公告发布的《限制进口类可用作原料的固体废物目录》中均列出该类废物。因此，样品属于限制进口的固体废物。

31 稻壳灰

外观特征描述：

黑色、细小的碎屑状（接近粉末），质轻，蓬松。样品外观见图1。

图1   图2

理化特性分析或物质特征：

（1）样品再次灼烧后失重率为2.96%，形态基本不变，见图2。

（2）样品和国内稻壳烧完之后的灰成分对比见表1。

表1 主要成分（以元素单质计）   单位：%

成分	Si	K	Ca	Fe	Mn	Ti	Cr	Zn	Cu
样品	59.5	17.1	8.83	8.3	4.26	1.45	0.35		
国内稻壳灼烧后的灰	55.7	20.3	12.6	3.5	5.21	0.55		0.36	0.27

可能的产生过程：

生物质燃烧发电后产生的灰渣。

固体废物判别依据要点：

（1）生产过程中产生的废弃物质；

（2）物质不是有意生产的。

可利用性：

可作炼钢用保温剂。

备　注	可能的申报名称：生物质灰，保温材料。 鉴别时间为2008年4月。 原国家环境保护总局等部门于2008年发布的第11号公告中的《自动许可进口类可用作原料的固体废物目录》和《限制进口类可用作原料的固体废物目录》中均没有列出该类废物。因此，样品属于禁止进口的固体废物。

32 植物灰

外观特征描述：

灰白色灰烬状，可见含果壳碎屑，质轻。样品外观见图1和图2。

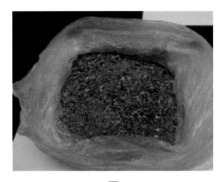 

图1   图2

理化特性分析或物质特征：

（1）灰烬应为燃烧后的残余物，果壳碎屑类似椰子、棕榈等植物果实的外壳。

（2）样品主要成分为钾盐、二氧化硅、钙化合物、镁化合物、氯化物等。

可能的产生过程：

为植物（可能为椰壳、棕榈壳）燃烧后的灰烬与未燃烧完全的壳状物的混合物。

固体废物判别依据要点：

（1）生产过程中产生的废弃物质；

（2）不符合标准或规范的产品。

可利用性：

含钾元素，可用作植物肥料。

备 注	可能的申报名称：棕榈有机钾肥。 鉴别时间为2008年10月。 原国家环境保护总局等部门于2008年发布的第11号公告中的《自动许可进口类可用作原料的固体废物目录》和《限制进口类可用作原料的固体废物目录》中均没有列出植物灰及类似的废物。因此，样品属于禁止进口的固体废物。

四、矿物焦油废物（第27章）

33 煤焦油

外观特征描述：

黑色黏稠液体，有特殊气味。样品外观见图1。

图1

理化特性分析或物质特征：

（1）主要由芳香族类化合物组成，含量较多的为萘、菲、荧蒽、芴、氧芴、芘等。

（2）样品进行蒸馏，不同沸点段馏分的含量见表1。

表1 样品在各温度段的馏分含量

温度段/℃	0~150	150~190	190~230	230~280	280~300	300~360
馏分产率/%	0.47	0.71	8.81	7.14	3.29	14.40

（3）参照《煤焦油》（YB/T 5075—1993）技术指标进行分析，样品特性指标见表2。

表2 样品特性指标

指标	结果
密度（20℃）/（g/cm³）	1.18
甲苯不溶物（无水基）/%	5.96
水分/%	3.00
灰分/%	0.26
黏度（80℃）	3.00
萘含量（无水基）/%	9.21

可能的产生过程：

煤炭高温热解生产焦炭产品过程中净化煤气后回收的液态副产物。

固体废物判别依据要点：

（1）污染控制设施产生的残余物；

（2）物质不是有意生产的；

（3）不满足质量标准的物质。

可利用性：

品质较差，成分非常复杂，含有毒有害物质，但也可进一步分离、提取萘、酚、蒽、菲、沥青等。

备　注	可能的申报名称：焦油，燃料油。 鉴别时间为2008年10月。 原国家环境保护总局等部门于2008年发布的第11号公告中的《自动许可进口类可用作原料的固体废物目录》和《限制进口类可用作原料的固体废物目录》中均没有列出该类废物，样品属于禁止进口的固体废物。

五、稀土金属氧化物废物（第28章）

34 钕铁硼废物（1）

外观特征描述：

1号样品为红褐色泥状物质，混有少量硬质的不规则小颗粒，有明显的氨水异味，具有磁性。2号样品为黑色泥状物质，混有少量大块状的不规则物质，有明显的氨水异味，具有磁性。

理化特性分析或物质特征：

（1）两个样品含水率分别为36.4%和28.8%。1号样品干燥后为红褐色粉末，灼烧后为红褐色；2号样品干燥后为黑色粉末，灼烧后为红褐色。

（2）样品主要成分及含量见表1。

表1 主要成分（除氯外的元素均以氧化物计）　　　　单位：%

成分	1号样品	2号样品	成分	1号样品	2号样品
Fe_2O_3	69.16	68.05	SO_3	0.10	0.02
Nd_2O_3	24.55	25.56	Co_2O_3	0.27	0.22
Pr_6O_{11}	3.90	3.88	MnO	0.13	0.12
Dy_2O_3	0.76	1.20	CuO	0.14	0.12
Al_2O_3	0.48	0.53	P_2O_5	0.03	0.03
SiO_2	0.34	0.24	Cl	0.03	0.01

（3）两个样品中硼的含量都为0.6%。

（4）样品的放射性核素比活度低于一般大理石和海滩沙的水平。

可能的产生过程：

钕铁硼磁性材料生产或加工过程产生的切割边角料，或下脚料，或不合格品，或者是设备报废后钕铁硼的回收料。

固体废物判别依据要点：

（1）生产过程中产生的废弃物质；

（2）物质不是有意生产的。

可利用性：

可提取钕、镨、镝等稀土金属。

备注	可能的申报名称：钕精矿。 鉴别时间为2004年10月。 原国家环境保护总局等部门于2005年发布的第5号公告中的《自动进口许可管理类可用作原料的废物目录》和《限制进口类可用作原料的废物目录》均没有列出该类废物。因此，样品属于禁止进口的固体废物。 由于鉴别时间较早，没留样品照片。

35 钕铁硼废物（2）

外观特征描述：

大小和厚薄不均的长方形块状金属，表面有铁锈状物质，刮拭表面后呈银白色金属，能够吸引磁铁，有的呈一定的弧度，边缘比中间薄。

理化特性分析或物质特征：

（1）样品含水率为0.093%，干基灼烧后重量不变。

（2）样品主要成分及含量见表1。

表1 主要成分（以元素单质计）　　　单位：%

成分	Fe	Nd	Dy	Al	Si	Mn	Co	Cu	Cr	K
含量	67.42	20.23	7.69	0.22	1.56	0.14	2.44	0.12	0.08	0.06

（3）样品中硼的含量大约为0.76%。

可能的产生过程：

钕铁硼磁性材料生产中的废料或回收料。

固体废物判别依据要点：

（1）生产过程中产生的废弃物质；

（2）物质不是有意生产的。

可利用性：

具有回收利用价值。

备　注	可能的申报名称：稀土铁合金氧化物。 鉴别时间为2005年1月。 原国家环境保护总局等部门于2005年发布的第5号公告中的《自动进口许可管理类可用作原料的废物目录》和《限制进口类可用作原料的废物目录》中均没有列出该类废物。因此，样品属于禁止进口的固体废物。 由于鉴定时间较早，没有留下样品照片。

36 钕铁硼废物（3）

外观特征描述：

咖啡色或棕色粉末，粉末粒径小于1mm，粉体疏松干燥，无异味。样品外观见图1。

图1

理化特性分析或物质特征：

（1）样品含水率为1.4%，干基灼烧后重量不变。

（2）样品主要成分及含量见表1。

表1 主要成分（除氯外的元素均以氧化物计）　　　　单位：%

组分	Fe_2O_3	Nd_2O_3	Pr_2O_3	Co_2O_3	Dy_2O	Al_2O_3	SiO_2
含量	58.08	33.82	5.17	1.37	0.75	0.24	0.21
组分	CuO	SO_3	TiO_2	P_2O_5	CaO	Cl	ZrO_2
含量	0.16	0.08	0.04	0.03	0.03	0.02	0.01

（3）硼(B)的含量为0.86%。

（4）样品主要物相构成为Fe_2O_3、$NdFeO_3$，少量B_2O_3、Fe_3O_4等。

可能的产生过程：

钕铁硼碎屑和残次品经过简单加工后的产物。

固体废物判别依据要点：

（1）生产过程中产生的回收废弃物质；

（2）利用金属和金属化合物的再循环/回收，其原因是生产或消费过程中产生的残余物。

可利用性：

可提取稀土金属。

备　注	可能的申报名称：磁性氧化物，铁氧体。 鉴别时间为2006年1月。 原国家环境保护总局等部门于2005年发布的第5号公告中的《自动进口许可管理类可用作原料的废物目录》和《限制进口类可用作原料的废物目录》中均没有列出该类废物。因此，样品属于禁止进口的固体废物。 由于鉴定时间较早，没有留下样品照片。

37 钕铁硼为主的磁性材料生产中的废料（4）

外观特征描述：

黑色泥状物质，明显含水，呈大小不一的团状；混有少量的土黄色泥状固体物；基本无异味，黑色部分和土黄色部分都具有磁性。样品见图1、图2和图3。

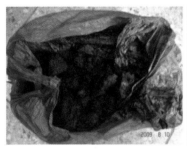
图1 样品（塑料袋中）

图2 风干后的样品

图3 样品中挑选出的黄色固体

理化特性分析或物质特征：

（1）样品干燥后呈灰黑色，含水率为25.1%；灼烧后样品增重1.5%。

（2）样品中的黑色部分和土黄色部分组分分析结果见表1。

表1 样品的组分（以氧化物表示）　　　　单位：%

样品	Fe_2O_3	Nd_2O_3	Co_3O_4	Sm_2O_3	Dy_2O_3	CeO_2	Al_2O_3	CuO	SiO_2	ZrO_2	Pr_2O_3
黑色部分	52.63	16.18	14.48	5.73	2.25	2.20	1.87	1.64	1.29	0.70	0.17
土黄色部分	19.73	5.48	7.75	1.78	0.80	0.70	37.43	0.47	21.88	0.29	0.14

样品	Y_2O_3	WO_3	CaO	SO_3	K_2O	Cr_2O_3	MnO	P_2O_5	MgO	TiO_2	NaO
黑色部分	0.38	0.32	0.17	0.07	0.05	0.03	0.02	0.02			
土黄色部分		0.11	0.22	0.11	1.43		0.03	0.04	0.19	0.93	0.49

（3）样品中黑色部分和土黄色部分粉末集合体能谱分别见图4、图5。

（4）电镜观察表明样品含有少量合金相的熔珠，而细粒结晶集合体中有一些残存的金属相，而多数被氧化为氧化相，见图6、图7。

可能的产生过程：

来自钕铁硼为主的磁性材料生产中的废料或回收料。

固体废物判别依据要点：

（1）生产过程中产生的废弃物质；

（2）回收利用的目的或方式是提取并利用其中的有价金属，如钕、钴、镨、镝、钐等，其产生的原因属于"生产中产生的残余物"，也属于"机械加工过程中产生的残渣"；

（3）不具有磁性材料的原有用途，使用前必须经过较为复杂的提炼工艺。

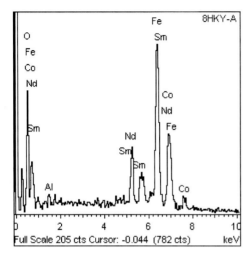

图4 样品中黑色粉末部分的能谱 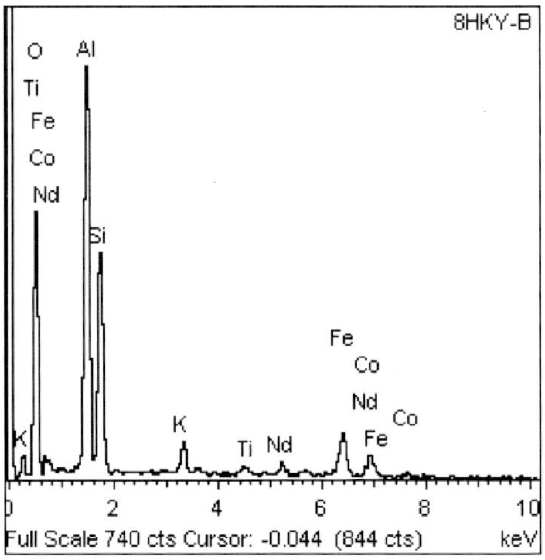 　　　　图5 样品中土黄色部分的能谱

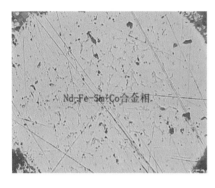 

图6 含金属熔珠的显微镜下照片 　　图7 含金属（亮白）及其氧化产物（灰色）

可利用性：

具有提取钕、钴、镨、镝、钐等的价值。

备　注	可能的申报名称：稀土铁合金粉末。 鉴别时间为2009年9月。 根据我国进口废物管理法规和实践，进口可以用作原料的固体废物实行目录管理，没有列入允许进口的固体废物目录中的废物都属于禁止进口。在2009年环境保护部等部门发布的第36号公告以及之前我国历次公布的允许进口废物目录中均没有包括"稀土废料"或"钕铁硼废料"或"磁性材料废物"及类似的废物。因此，样品目前仍属于禁止进口的固体废物。

六、无机非金属废物（第28章）

38 微硅粉

外观特征描述:

灰白色微细粉末，表观密度约380kg/m³，用手指搓捻有颗粒感。样品外观见图1。

图1

理化特性分析或物质特征:

（1）样品含水率为0.23%，灼烧后灰分为99.32%。

（2）样品主要成分及含量见表1。

表1 主要成分（除氯外的元素均以氧化物计） 单位：%

成分	SiO_2	CaO	K_2O	Al_2O_3	Na_2O	SO_3	MgO
含量	98.50	0.32	0.28	0.22	0.20	0.13	0.11
成分	Fe_2O_3	Cl	P_2O_5	Cr_2O_3	MnO	ZnO	
含量	0.11	0.03	0.03	0.03	0.02	0.01	

（3）X衍射分析表明物质为非晶态结构。电镜照片见图2。

图2

可能的产生过程:

硅铁合金或金属硅冶炼过程中烟气净化回收的产物。

固体废物判别依据要点:

（1）污染控制设施产生的废弃物质；

（2）物质不是有意生产的。

可利用性:

可用作耐火材料、水泥、混凝土的掺加料，改善加工性能和产品性能。

备 注	可能的申报名称：二氧化硅，硅粉，硅微粉。 鉴别时间为2009年2月。 原国家环境保护总局等部门于2008年发布的第11号公告中的《自动许可进口类可用作原料的固体废物目录》和《限制进口类可用作原料的固体废物目录》中均没有列出该类废物。因此，样品属于禁止进口的固体废物。

39 多晶硅废碎料或单晶硅废碎料

外观特征描述：

银灰色晶体，圆柱状、圆锥状、碎块状、碎片状、圆片状等，无明显杂质。样品外观见图1、图2、图3和图4。

理化特性分析或物质特征：

（1）在拉制半导体单晶硅棒时会产生头尾尖尖的部分，由于此部分形状、杂质含量超标或错位等原因，不能被切成硅片，所以需被切除，硅的含量>99.99%。

图1 头尾料

（2）在拉成半导体单晶硅棒时，由于原材料的分凝系数的原因，最后会有一部分硅料残留于石英坩埚内，该部分被称为锅底料，杂质含量超标也不能直接利用，硅含量>99.99%。

（3）在拉制半导体单晶硅棒后，由于外观或者性能不符合半导体硅片生产标准的硅棒，后被敲碎所致，硅含量>99.99%。

图2 锅底料

（4）半导体级单晶硅棒切割掉头尾后，需对硅棒进行检测（比如检测电阻率、氧碳含量等），而这些参数是通过测试从硅棒两端切下来的厚硅片数据所得。这些检测用的厚片通常比正常切割做晶圆的硅片要厚，所以称之为厚硅片或厚碎片，硅含量>99.99%。

图3 碎棒

（5）除了上述单晶硅拉制过程中产生的四种主要硅碎料外，在原生多晶硅生产中，在单晶硅片切磨、抛光过程中，在晶圆工艺加工过程中，在太阳能电池片制造过程中，都会产生一些高纯硅碎料，硅含量>99.99%。

（6）这些硅碎料因外露空气中，表面会有轻微的氧化、沾染杂质。

图4 厚片

可能的产生过程:

多晶硅、单晶硅在生长、测试、切片、抛磨、元器件制造过程中产生的不合格料。

固体废物判别依据要点:

（1）生产过程中产生的废弃物质、报废产品；

（2）不符合标准或规范的产品；

（3）被污染的材料。

可利用性:

硅碎料如果不带电路（图形）、不带蓝膜、不封胶，经过测试分类、清洗后可回炉利用，可以节省大量由于原生硅生产的资源消耗。

备 注	可能的申报名称：氧化硅，多晶硅，单晶硅。 鉴别时间为2009年9月。 环境保护部等部门于2009年发布的第36号公告中的《限制进口类可用作原料的固体废物目录》中列出了"多晶硅废碎料"和"其他硅废碎料"。因此，样品属于限制进口的固体废物，其进口应获得国家环保部门的许可。

七、无机化学品（第28章）

40 回收溴化钠废溶液

外观特征描述：

无色透明液体，有特殊臭味。样品外观见图1。

图1

理化特性分析或物质特征：

（1）主要成分为水，烘干为白色固体，含溴化钠、硫化钠、氯化钠等。

（2）有特殊的硫化物的臭味。

可能的产生过程：

生产医药中间体时，用碳酸钠水溶液吸收生产过程中产生的溴化氢及少量硫化氢气体而得的产品。

固体废物判别依据要点：

（1）不符合质量标准或规范的产品；

（2）物质不是有意生产的。

可利用性：

可用于提纯溴化钠或提取溴素。

备 注	可能的申报名称：溴化钠溶液。 鉴别时间为2008年12月。 原国家环境保护总局等部门于2008年发布的第11号公告中的《自动许可进口类可用作原料的固体废物目录》和《限制进口类可用作原料的固体废物目录》中均没有列出该类废物。因此，样品属于禁止进口的固体废物。

41 碱式氯化锌混合废物

外观特征描述：

灰色细粉末，颗粒均匀，如细沙状。样品外观见图1和图2。

 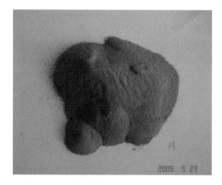

图1   图2

理化特性分析或物质特征：

（1）样品含水率为0.7%，灼烧后的灰分为98.5%。

（2）样品主要成分及含量见表1。

表1 主要成分（除氯外的元素均以氧化物计）   单位：%

成分	ZnO	Cl	Al$_2$O$_3$	Fe$_2$O$_3$	PbO	SiO$_2$	CaO
含量	82.53	10.56	4.50	0.86	0.76	0.24	0.12
成分	MgO	SO$_3$	K$_2$O	MnO	CuO	P$_2$O$_5$	Cr$_2$O$_3$
含量	0.10	0.08	0.08	0.08	0.03	0.03	0.03

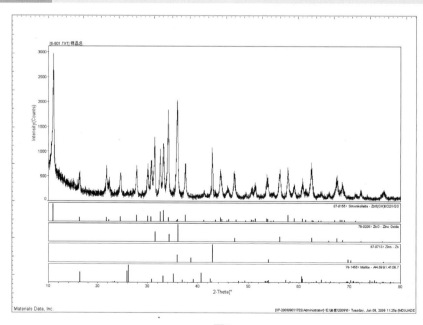

图3

（3）样品主要物相组成为 $Zn_5(OH)_8Cl_2 \cdot H_2O$、$ZnO$、$Zn$、$Al_{4.59}Si_{1.41}O_{9.7}$，X衍射谱图见图3。

（4）样品能谱分析显示主含Zn、Cl、O，少量Al、Fe，能谱图见图4。

（5）样品扫描电镜观察，放大500倍和5 000倍图像分别见图5、图6。

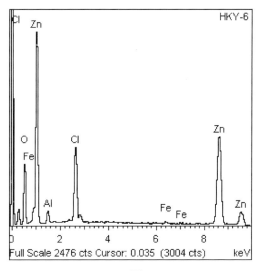

图4

可能的产生过程：

含锌废料生产碱式氯化锌的产物。

图5

图6

固体废物判别依据要点：

（1）不符合质量标准或规范的产品；

（2）利用金属和金属化合物的再循环/回收，其原因是不再好用的物质。

可利用性：

可进一步提纯处理。

备 注	可能的申报名称：锌矿砂，氯化锌。 鉴别时间为2009年7月。 原国家环境保护总局等部门于2008年发布的第11号公告中的《自动许可进口类可用作原料的固体废物目录》和《限制进口类可用作原料的固体废物目录》中均没有列出该类废物，而该公告《禁止进口固体废物目录》中列出了含锌的矿渣、矿灰及残渣。因此，样品进口报关时属于禁止进口的固体废物。

八、废催化剂（第28章）

42 钼钴镍废催化剂（1）

外观特征描述：

1号和2号样品为黑色细圆柱状固体，似铅笔芯，长短不均，有明显刺鼻的煤油味，混有少量白色球状物，最大粒径3cm。3号样品为黑色棱型细短条状固体物，长短不均，表面有油污，有明显的煤油味。样品外观分别见图1、图2、图3。

图1

图2

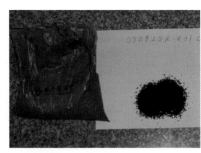
图3

理化特性分析或物质特征：

（1）三个样品含水率分别为0.26%、26.3%、0.31%，灼烧后样品颜色分别变为蓝色、红褐色、橙红色，样品烧失率分别为25.3%、24.4%、25.5%。

（2）样品主要成分及含量见表1。

表1 主要成分（以氧化物计）　　　　单位：%

组分		MoO_3	Co_2O_3	NiO	Al_2O_3	SiO_2	Cr_2O_3	CaO	ZnO
1号	黑柱	27.7	3.69	0.03	47.1	0.25	0.06	—	—
	白球	—	—	—	23.9	63.5	0.05	0.42	0.77
2号	黑柱	22.7	1.36	2.46	59.1	1.08	0.05	0.026	
	白球				20.2	71.8	0.08	1.24	
3号		22.9	3.54	0.87	47.1	7.08		0.20	
组分		SO_3	TiO_2	Fe_2O_3	P_2O_5	MgO	K_2O	MnO	Na_2O
1号	黑柱	19.6		0.06	1.51		0.03		
	白球	0.33	0.48	1.65	0.07	5.23	2.39	0.03	1.05
2号	黑柱	12.4		0.57					
	白球	0.17	0.31	0.79			5.40		
3号		16.1		1.27	V_2O_5 1.03				

74　　　　　　　　　　　　　　　　　　　　　固体废物属性鉴别案例手册

（3）测定3号样品中的有机物包括：α-甲基萘，β-甲基萘，邻二甲苯，间二甲苯，对二甲苯，1-甲基-2-乙基苯，1-甲基-3-乙基苯，1-甲基-4-乙基苯，正庚烷及其同分异构体，正辛烷、正十一烷、正十三烷、正十四烷、正十五烷、正十六烷、正十七烷及它们的同分异构体。

可能的产生过程：

工业生产中钴钼镍催化剂使用后失去活性的废催化剂，最可能为炼油过程中使用过的钼钴镍催化剂。

固体废物判别依据要点：

（1）丧失原有利用价值的物品；

（2）催化剂组分的回收，其原因是不再好用的物质。

可利用性：

可提取钴和钼。

备 注	可能的申报名称：钼精矿。 鉴别时间为2005年1月。 原国家环境保护总局等部门于2005年发布的第5号公告中的《自动进口许可管理类可用作原料的废物目录》和《限制进口类可用作原料的废物目录》中均没有列出该类废物。因此，样品属于禁止进口的固体废物。

外观特征描述：

11个样品的外观特征见图1和表1（塑料袋中）。

图1

表1 样品外观特征

样品	特征/状态
1	细棱柱状，长短不均，粗细基本均匀；颜色基本均匀，为深蓝色和浅蓝色
2	细圆柱状，长短、粗细基本均匀；颜色均匀，为深灰色
3	细圆柱状，长短不均，粗细均匀；颜色均匀，外表为铁红色，内芯为蓝灰色
4	棱柱状，长短、粗细不均；颗粒为灰色或深黑色，少许橙红色碎石
5	细棱柱状，长短、粗细不均；颗粒为灰色或深黑色，少许橙红色
6	细圆柱状，长短不均，粗细均匀；颜色基本均匀，为浅灰色
7	细棱柱状，长短不均，粗细均匀；大部分颗粒为浅灰绿色，少量颗粒为黑色
8	细棱柱状，长短不均，粗细均匀；颗粒表层为红褐色、灰色，里层为灰色和蓝色
9	细棱柱状，长短不均，粗细均匀；颜色不均匀，表层为红褐色，里层为灰色
10	细圆柱状，长短、粗细基本均匀；颗粒表层为铁红色、里层为蓝色
11	细棱柱状，长短不均；浅蓝灰色，夹杂少许红褐色

理化特性分析或物质特征：

（1）样品含水率和样品干基的烧失率见表2。

表2 样品含水率和烧失率　　　　　　单位：%

样品	含水率	烧失率	样品	含水率	烧失率
1	2.82	4.23	7	1.89	3.77
2	9.20	3.20	8	0.78	2.34
3	0	2.60	9	0.65	2.92
4	0.39	4.71	10	0.83	1.66
5	0	2.95	11	0.36	2.49
6	2.65	3.41			

（2）样品主要成分及含量见表3。

表3 主要成分（除氯外的元素均以氧化物计）　　　　　　单位：%

	1	2	3	4	5	6	7	8	9	10	11
Al_2O_3	76.47	62.57	68.31	77.25	77.73	62.23	78.95	65.36	68.52	78.60	65.98
MoO_3	15.72	10.34	22.34	13.56	13.24	10.0	12.65	21.10	18.04	10.79	20.40
Co_3O_4	4.98		5.16	0.05	0.02		0.04	6.50		3.51	6.57
P_2O_5	1.94	5.74	1.99	1.65	1.06	4.58	0.17	5.49	7.79		5.73
SiO_2	0.72	18.33	0.22	3.41	4.05	20.09	4.68	0.30	0.87	6.32	0.17
Cl	0.11	0.07	0.10	0.18	0.17	0.08	0.13	0.11	0.13	0.06	0.11
CaO	0.04		0.03	0.10	0.10	0.06	0.08	0.10	0.07	0.03	0.10
Fe_2O_3	0.03	0.04	0.31	0.12	0.08	0.10	0.11	0.10	0.56	0.68	0.06
NiO		2.92	0.24	3.69	3.47	2.85	3.18		3.79	0.02	0.89
V_2O_5			1.20						0.05		
Na_2O			0.11		0.08				0.19		

（3）浸出毒性鉴别分析。

　　选择镍（Ni）作为浸出毒性鉴别指标，按照《固体废物浸出毒性浸出方法　水平振荡法》（GB5086.2—1997）和《危险废物鉴别标准　浸出毒性鉴别》（GB5085.3—1996）、《固体废物浸出毒性测定方法》（GB/T15555）对样品的浸出毒性进行分析，结果见表4。

表4 样品浸出实验结果　　　　　　单位：mg/L

样品	1	2	3	4	5	6	7	8	9	10	11
Ni	—	370	110	450	450	380	420	—	260	2	110

可能的产生过程：

回收使用过的含钼、钴、镍的废催化剂，或者是催化剂生产中产生的报废产品或不合格产品。

固体废物判别依据要点：

（1）丧失原有利用价值的物品；

（2）催化剂组分的回收，其原因是不再好用的物质。

可利用性：

不具有催化剂的原有使用价值，需要重新作为原料进行提炼其中的钼和钴等金属。

备　注	可能的申报名称：钼精矿。 鉴别时间为2005年3月。 原国家环境保护总局等部门于2005年发布的第5号公告中的《自动进口许可管理类可用作原料的废物目录》和《限制进口类可用作原料的废物目录》中均没有列出该类废物。因此，样品属于禁止进口的固体废物。

44 钼钨钒废催化剂

外观特征描述：

1号样品为黄绿色球状固体，形状大小基本一致，如黄豆大小，有异味。2号样品为黑色球形颗粒，颗粒均匀，表面呈蜂窝状孔隙，夹杂着少量黄色球形颗粒，有煤油气味。3号样品为黑色和白色两种球形混合颗粒，颗粒均匀，粒径在0.8cm左右，有少许异味。样品外观分别见图1、图2、图3。

| 图1 | 图2 | 图3 |

理化特性分析或物质特征：

（1）三个样品含水率分别为2.61%、0、2.08%，样品干基灼烧后颜色均变为灰色，烧失率分别为6.9%、0、1.2%。

（2）样品主要成分及含量见表1。

表1 主要成分（以氧化物计）　　　　单位：%

组分		MoO_3	V_2O_5	Al_2O_3	SiO_2	Cr_2O_3	CaO	CuO	WO_3
1号		47.0	12.1	18.2	10.9		1.14	3.92	3.93
2号		25.8	6.21	33.8	24.5		1.77	2.32	2.39
3号	黑球	45.5	11.9	19.0	12.0		1.22	3.48	3.82
	白球			60.1	35.4	0.14	1.76		
组分		SO_3	TiO_2	Fe_2O_3	P_2O_5	Sb_2O_3	K_2O	MnO	Co_2O_3
1号			0.21	0.42		1.15	1.01		
2号			0.35	0.57			1.70		
3号	黑球		0.26	0.47		1.22	1.17		
	白球	0.15	0.28	0.37	0.07		1.56	0.06	0.02

可能的产生过程：

以Al$_2$O$_3$、SiO$_2$为载体的已经失去原有使用价值的钼钨钒废催化剂。

固体废物判别依据要点：

（1）丧失原有利用价值的物品；

（2）催化剂组分的回收，其原因是不再好用的物质。

可利用性：

可提取钼、钒，成分复杂。

备　注	可能的申报名称：钼精矿。 鉴别时间为2005年1月。 原国家环境保护总局等部门于2005年发布的第5号公告中的《自动进口许可管理类可用作原料的废物目录》和《限制进口类可用作原料的废物目录》中均没有列出该类废物。因此，样品属于禁止进口的固体废物。

45 钴锰废催化剂

外观特征描述：

　　黑色油泥状物，含明显的水分，颜色均一，有比较浓的油味。样品见图1（塑料袋中）。

图1

理化特性分析或物质特征：

　　（1）样品含水率为35.69%，灼烧后样品颜色变成黑中带绿，烧失率为57.4%。

　　（2）样品中无机组分见表1。

表1　无机组分（除氯外的元素均以氧化物计）　　　　单位：%

组分	MnO	Co_2O_3	Cl	K_2O	Al_2O_3	Fe_2O_3	P_2O_5	SO_3
含量	46.6	23.0	27.0	3.05	0.22	0.10	0.05	0.05

　　（3）样品中有机物组分见表2。

表2　有机组分

稠环芳烃	α-甲基奈，β-甲基奈
苯系物	甲基-2-乙基苯，1-甲基-3-乙基苯，1-甲基-4-乙基苯，1，2，3-三甲基苯，丙基苯，1-甲基-2-丙基苯，1-甲基-3-丙基苯，1-甲基-4-丙基苯
烷烃	正辛烷、正十一烷、正十三烷、正十四烷、正十五烷、正十六烷及它们的同分异构体

可能的产生过程：

　　有机化工（如对苯二甲酸）生产中所产生的钴锰废催化剂。

固体废物判别依据要点：

　　（1）丧失原有利用价值的物品；

　　（2）催化剂组分的回收，其原因是不再好用的物质。

可利用性：

钴的含量远高于钴精矿，利用价值较高。

备 注	可能的申报名称：钴精矿。 鉴别时间为2005年1月。 原国家环境保护总局等部门于2008年发布的第11号公告以及之前历次公布的允许进口的固体废物目录中均没有列出该类废物。因此，样品属于禁止进口的固体废物。

九、有机废物（第29章）

46 含对苯二甲酸的残渣

外观特征描述：

浅黄色粉末，疏松，质轻，无明显杂质。样品外观见图1。

理化特性分析或物质特征：

（1）X衍射分析表明样品主要成分为对苯二甲酸。

（2）参照《工业用精对苯二甲酸》（SH/T 1612.1）对样品进行分析，结果见表1。

表1 样品指标分析

指标	分析值
酸值/（mgKOH/g）	552.4
对羧基苯甲醛4-CBA /（mg/kg）	1 200
对甲基苯甲酸（ρ-TA）/（mg/kg）	48 137
灰分/（mg/kg）	307.4
锰（Mn）/（mg/kg）	0.5
钴（Co）/（mg/kg）	1.7
铁（Fe）/（mg/kg）	12.4
水分/（wt/%）	12.12
5g/100mL DMF色相	>30

图1

可能的产生过程：

对苯二甲酸生产过程产生的含有对苯二甲酸的副产物或残渣。

固体废物判别依据要点：

（1）生产过程中产生的废弃物质或残余物质；

（2）不符合质量标准或规范的产物；

（3）物质不是有意生产的。

可利用性：

可作烟花爆竹的填料，可作增塑剂、鞣革剂、防老化剂、油漆料的原料等。

备　注	可能的申报名称：粗对苯二甲酸。 鉴别时间为2009年3月。 原国家环境保护总局等部门于2008年发布的第11号公告中的《自动许可进口类可用作原料的固体废物目录》和《限制进口类可用作原料的固体废物目录》中均没有列出该类废物，样品属于禁止进口的固体废物。

47 对苯二甲酸黏稠废物

外观特征描述:

四个样品装在玻璃瓶中,各瓶黏稠液呈深浅不一的土黄色,不透明,较浓酸味。样品外观分别见图1、图2、图3和图4。

图1 图2

图3 图4

理化特性分析或物质特征:

(1) 通过液相色谱-质谱连用检测方法,确定四个样品中的苯二甲酸(邻、间、对位不能确定)含量均低于1%。

(2) 通过气相色谱-质谱检测,确定四个样品的可能组分,见表1。

表1 样品组分

保留时间/min	1号	2号	3号	4号
6.97~7.81	二甘醇	二甘醇	二甘醇	二甘醇
11.10~11.19	三甘醇		三甘醇	
14.48~14.51	四甘醇		四甘醇	
21.95~22.15		对苯二甲酸(2-乙醇)酯	对苯二甲酸(2-乙醇)酯	对苯二甲酸(2-乙醇)酯
23.04			结构未确定	
23.49~23.50		氯代亚油酰	氯代亚油酰	氯代亚油酰
24.35~24.45	结构未确定	结构未确定	结构未确定	结构未确定
25.58~25.59		十八碳酸(2-羟甲基)甲酯	十八碳酸(2-羟甲基)甲酯	十八碳酸(2-羟甲基)甲酯
26.46~26.60	结构未确定	结构未确定	结构未确定	结构未确定

（3）测定1号样水分含量为0.22%，酸值为166mgKOH/g，乙二醇（醇类）为8.06%。

可能的产生过程：

PTA或PET废物原料回收过程，是成分较为复杂的有机物。

固体废物判别依据要点：

（1）生产过程中产生的废弃物质或残余物质；

（2）物质不是有意生产的。

可利用性：

利用价值很小。

备 注	可能的申报名称：对苯二甲酸水溶液。 鉴别时间为2007年2月。 原国家环境保护总局等部门于2005年发布的第5号公告以及原国家环境保护总局等部门于2008年发布的第11号公告中的《自动许可进口类可用作原料的固体废物目录》和《限制进口类可用作原料的固体废物目录》中均没有列出该类废物。因此，样品属于禁止进口的固体废物。

48 对苯二甲酸废物

外观特征描述：

灰白色粉末，可见结团或颗粒，夹杂少量黑色细颗粒杂质和个别褐色纤维条。样品外观见图1和图2。

图1   图2

理化特性分析或物质特征：

（1）样品主要成分为对苯二甲酸。

（2）参照《工业用精对苯二甲酸》（SH/T1612.1）对样品进行分析，样品酸值668mgKOH/g，灰分653mg/kg，DMF色相大于30，水分含量为0.33%，对甲基苯甲酸（MOL）为13mg/kg，对羧基苯甲醛（4-CBA）为47.5mg/kg, Mn为22.0mg/kg，Fe为57.8mg/kg，Co为17.2mg/kg。

可能的产生过程：

对苯二甲酸生产过程中的含对苯二甲酸为主的产物，可能为生产中回收的落地料或水池料。

固体废物判别依据要点：

（1）生产过程中产生的废弃物质或残余物质；

（2）不符合质量标准或规范的产物；

（3）物质不是有意生产的。

可利用性：

可作烟花爆竹的填料，可作增塑剂、鞣革剂、防老化剂、油漆料的原料等。

备 注	可能的申报名称：对苯二甲酸次级品，对苯二甲酸等外品。 鉴别时间为2008年3月。 原国家环境保护总局等部门于2005年发布的第5号公告以及原国家环境保护总局等部门于2008年发布的第11号公告中的《自动许可进口类可用作原料的固体废物目录》和《限制进口类可用作原料的固体废物目录》中均没有列出该类废物。因此，样品属于禁止进口的固体废物。

49 对苯二甲酸水池料

外观特征描述：

样品颜色不均匀，1号样品为浅黄色粉末和块料，含有灰黑色泥块、石子、铁丝、片状物质等，明显含水，气味浓烈刺鼻。2号样品为黑色泥状物质，气味浓烈刺鼻。样品外观分别见图1和图2（塑料袋中）。

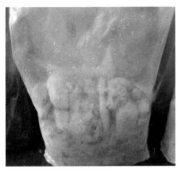 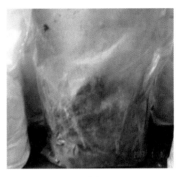

图1 图2

理化特性分析或物质特征：

（1）两个样品含水率分别为21.8%和25.5%，样品干基灼烧烧失率分别为92.4%和91.9%。

（2）通过液相色谱－质谱检测，确定样品中均含有对苯二甲酸，因为没有标准品，不能准确定量。通过气相色谱－质谱检测，确定样品中含有一些有机组分，包括苯甲酸、琥珀酸二异丁酯、甲基丁二酸二（1-甲基）丙酯、邻苯二甲酸二丁酯、邻苯二甲酸二异辛酯。

（3）样品在620℃温度燃烧后的残渣成分主要包括Fe、Mn、Na、Si、Al、Ca。

可能的产生过程：

对苯二甲酸（PTA）生产过程产生的污水处理设施收集的物质。

固体废物判别依据要点：

（1）污染控制设施中产生的残余物质；

（2）物质不是有意生产的。

可利用性：

利用价值很小。

备 注	可能的申报名称：对苯二甲酸等外品灰色水池料。 鉴别时间为2007年2月。 原国家环境保护总局等部门于2005年发布的第5号公告以及原国家环境保护总局等部门于2008年发布的第11号公告中的《自动许可进口类可用作原料的固体废物目录》和《限制进口类可用作原料的固体废物目录》中均没有列出该类废物。因此，样品属于禁止进口的固体废物。

十、肥料废物（第30章）

50 混合废物（1）

外观特征描述：

灰白色粉状物，肉眼观察无杂质，含水量为87.8%。样品外观见图1。

图1

理化特性分析或物质特征：

（1）样品主要成分及含量见表1。

表1 主要成分（除氯外的元素均以氧化物计）　　　　单位：%

成分	CaO	K_2O	P_2O_5	MgO	SO_3	Na_2O	SiO_2
含量	74.24	9.58	7.66	2.70	1.73	1.14	1.04
成分	Fe_2O_3	Cl	MnO	Al_2O_3	ZnO	Cr_2O_3	CuO
含量	0.79	0.45	0.24	0.19	0.14	0.07	0.03

（2）主要物相构成为：$Ca(OH)_2$、$CaCO_3$、$Ca_{10}(PO_4)_5CO_3(OH)F$、SiO_2、$K_5H_5(P_2O_7)_2$。显微镜下观察样品，其主要由微晶集合体组成，能谱图见图2。

（3）参照《复混肥（复合肥）》（GB 15063—2001）标准中总氮、有效磷、钾、水溶性磷、氯离子等养分指标的分析方法测定样品养分特性，结果见表2。

（4）样品含有微量的萘，为0.11mg/kg。

表2 分析结果　　　　单位：%

养分	总氮（N）	有效磷（P_2O_5）	水溶性磷（P_2O_5）	钾（K_2O）	氯离子（Cl^-）
含量	未检出	11.02	未检出	5.33	0.614

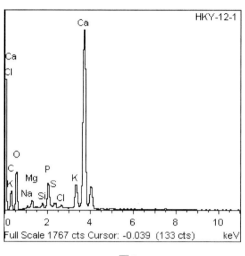

图2

可能的产生过程：

燃烧过程产生的残余物与磷矿（或磷酸盐）、钾盐通过掺加或其他形式加工后形成的施用于土地的混合产物。

固体废物判别依据要点：

（1）"生产过程中产生的残余物"如果用于"土地处理"或"有助于改善农业或生态环境的土地处理"，该物质为固体废物；

（2）参考美国有关固体废物的定义（40CFR 261），物质以处置的方式被利用，如果它们是：(a)以处置的方式施用于或放置在土地上；(b)用于生产被施用于或放置在土地上的产品，或被包含在一种被施用于或放置在土地上的产品中（在这种情况下，这种产品本身也是固体废物）。那么，这种物质是固体废物。

可利用性：

呈强碱性且含有多环芳烃，没有水溶性磷，使用受到很大的限制。

备 注	可能的申报名称：矿物磷钾肥，化肥，复合肥，磷钾二元复合肥。 鉴别时间为2009年3月。 原国家环境保护总局等部门于2008年发布的第11号公告中的《自动许可进口类可用作原料的固体废物目录》和《限制进口类可用作原料的固体废物目录》以及之前历次公布的允许进口的固体废物目录中均没有列出该类废物。因此，样品属于禁止进口的固体废物。

外观特征描述：

浅灰色粉状物，粉末微细均匀。样品外观见图1。

图1

理化特性分析或物质特征：

（1）样品主要成分见表1。

表1 主要成分（除氯、溴外的元素均以氧化物计）　　　　单位：%

成分	CaO	K_2O	P_2O_5	SO_3	Cl	MgO	Na_2O	SiO_2
含量	33.93	24.55	12.16	11.43	6.26	3.48	3.35	2.16
成分	Fe_2O_3	Al_2O_3	MnO	ZnO	BaO	TiO_2	CuO	Br
含量	1.16	0.51	0.37	0.32	0.11	0.11	0.07	0.03

（2）参照《复混肥（复合肥）》（GB15063—2001）标准中总氮、有效磷、钾、水
溶性磷、氯离子等养分指标的分析方法测定样品养分特性，结果见表2。

表2 分析结果　　　　单位：%

元素	总氮（N）	有效磷 （P_2O_5）	水溶性磷 （P_2O_5）	钾 （K_2O）	氯离子（Cl⁻）
含量	0.29	16.23	未检出	14.68	3.98

（3）测定样品中的多环芳烃，结果见表3。

表3 多环芳烃含量　　　　单位：mg/kg

化合物	萘	蒽	苯并蒽	菌
含量	0.14	0.04	0.01	0.02

可能的产生过程：

燃烧过程产生的残余物与磷矿（或磷酸盐）、氮化合物、钾盐通过掺加或其他形式加工后形成的施用于土地的混合产物。

固体废物判别依据要点：

（1）"生产过程中产生的残余物"如果用于"土地处理"或"有助于改善农业或生态环境的土地处理"，该物质为固体废物；

（2）参考美国有关固体废物的定义（40CFR 261），物质以处置的方式被利用，如果它们是：(a)以处置的方式施用于或放置在土地上；(b)用于生产被施用于或放置在土地上的产品，或被包含在一种被施用于或放置在土地上的产品中（在这种情况下，这种产品本身也是固体废物）。那么，这种物质是固体废物。

可利用性：

呈强碱性且含有多环芳烃，没有水溶性磷，使用受到很大的局限性。

备　注	可能的申报名称：矿物肥料，矿物磷钾肥，化肥，复合肥，磷钾二元复合肥。 鉴别时间为2009年1月。 原国家环境保护总局等部门于2008年发布的第11号公告中的《自动许可进口类可用作原料的固体废物目录》和《限制进口类可用作原料的固体废物目录》以及之前历次公布的允许进口的固体废物目录中均没有列出该类废物。因此，样品属于禁止进口的固体废物。

52 混合废物（3）

外观特征描述：

灰色粉末状。样品外观见图1。

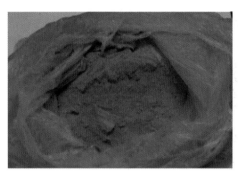

图1

理化特性分析或物质特征：

样品含钾盐、钙化合物、硫酸盐、磷酸盐、氯化物等。

可能的产生过程：

可能为矿物残渣并施用于土地的混合物。

固体废物判别依据要点：

（1）"生产过程中产生的残余物"如果用于"土地处理"或"有助于改善农业或生态环境的土地处理"，该物质为固体废物；

（2）参考美国有关固体废物的定义（40CFR 261），物质以处置的方式被利用，如果它们是：(a)以处置的方式施用于或放置在土地上；(b)用于生产被施用于或放置在土地上的产品，或被包含在一种被施用于或放置在土地上的产品中（在这种情况下，这种产品本身也是固体废物）。那么，这种物质是固体废物。

可利用性：

可能作低级肥料用。

备注	可能的申报名称：钙镁磷肥。 鉴别时间为2008年10月。 原国家环境保护总局等部门于2008年发布的第11号公告中的《自动许可进口类可用作原料的固体废物目录》和《限制进口类可用作原料的固体废物目录》以及之前历次公布的允许进口的固体废物目录中均没有列出该类废物。因此，样品属于禁止进口的固体废物。

十一、石墨废物（第31章）

53 人造石墨粉废物

外观特征描述：

黑色粉末状固体，手捻有不均一小颗粒。样品外观见图1。

理化特性分析或物质特征：

（1）样品含水率为0.35%，样品干基灼烧烧失率为0.31%。

（2）X荧光衍射分析表明，样品主要为石墨碳，固定碳含量超过99.16%。

（3）电镜观察样品中由细小鳞片石墨组成的粗粒集合体，内部有孔隙。集合体粒度>1.2mm，而鳞片宽度为微米级。见图2。

可能的产生过程：

石墨制品加工时产生的粉粒，是无定形石墨。

固体废物判别依据要点：

生产中产生的废弃物质。

图1

图2

可利用性：

成分为碳，可作炼钢增碳剂。

备注	可能的申报名称：人造石墨粉。 鉴别时间为2006年10月。 原国家环境保护总局等部门于2005年发布的第5号公告以及原国家环境保护总局等部门于2008年发布的第11号公告中的《自动许可进口类可用作原料的固体废物目录》和《限制进口类可用作原料的固体废物目录》中均没有列出该类废物。因此，样品属于禁止进口的固体废物。

外观特征描述：

黑色块状固体，形状较规则，表面粗糙并有螺丝纹，表观比重感觉较轻。样品外观见图1和图2。

理化特性分析或物质特征：

（1）样品物理特性见表1。

图1

表1 样品物理性质

含水率	干基灼烧烧失率	密度
0	0.04%	1.45 g/cm³

（2）样品主要成分及含量见表2。

表2 主要成分（以元素单质计）　　　　　　单位：%

成分	C	Fe	Ca	Si	S	Cr	Al
含 量	99.65	0.19	0.05	0.04	0.03	0.008	0.016

图2

（3）样品不可能继续做石墨电极的用途来使用，是石墨电极碎。

可能的产生过程：

碳素制品工厂生产石墨电极时石墨化后或加工后的废料，以及加工成品石墨电极时切下的碎屑，或者冶炼使用的报废石墨电极。

固体废物判别依据要点：

（1）丧失原有利用价值的物品；

（2）生产中的废弃物质。

可利用性：

成分为碳，可作炼钢增碳剂。

备 注	可能的申报名称：石墨电极碎。 鉴别时间为2006年10月。 原国家环境保护总局等部门于2005年发布的第5号公告以及国家环境保护总局等部门于2008年发布的第11号公告中的《自动许可进口类可用作原料的固体废物目录》和《限制进口类可用作原料的固体废物目录》中均没有列出该类废物。因此，样品属于禁止进口的固体废物。

十二、废塑料（第32章）

55 废聚丙烯袋

外观特征描述：

两个长约1m、宽约1m、高约2m的聚丙烯编织袋，顶端有装货开口和塑料编带制四角吊扣，其中1个样品袋明显破损，有20～30cm的裂口，底端破损，袋内有装载的残留物质。样品外观见图1和图2。

图1　　　　　　　　　　　　　　　　图2

理化特性分析或物质特征：

聚丙烯（PP）塑料编织袋样品明显具有以下使用过的特征：

（1）样品袋上有标识，Schlumberger属于美国最大的石油服务公司，Litefil可能属于一种化工树脂产物，Extender属于一种添加剂，同时还有产品批次、生产地（中国制造）等英文标识；

（2）样品袋中明显夹带有的白色粉末物质，应属于曾经盛装过的物质；

（3）样品袋底端明显有撕裂的口开和磨损的痕迹，这是在使用过程中所导致的；

（4）委托单位提供的信息中，说明货物有脏污、残留物和破损现象、大多底端破损。由此来看，这些袋不太可能进行修补，成为废品。

可能的产生过程：

工业品或原料的包装袋。

固体废物判别依据要点：

（1）丧失原有利用价值的物品；

（2）被污染的材料。

可利用性:

可回收再生利用。

备 注	可能的申报名称:旧PP编织袋。 鉴别时间为2006年10月。 原国家环境保护总局等部门于2005年发布的第5号公告中的《限制进口类可用作原料的废物目录》列出了"3915909000 其他塑料的废碎料及下脚料",样品属于限制进口的固体废物。但其进口应满足我国进口废塑料的环境控制标准并获得国家环保部门的批准。

十三、化工废物（第38章）

56 己内酰胺废物

外观特征描述：

四个样品为浅黄色固体片状、粉末状，无固定规则，无明显杂质，似腊质，易捻碎，可溶解于水中。样品外观见分别见下图1、图2、图3、图4。

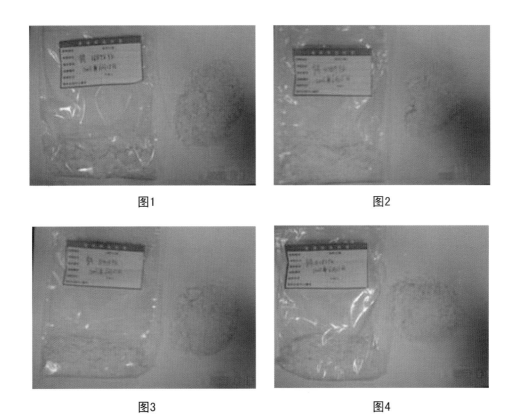

图1   图2

图3   图4

理化特性分析或物质特征：

（1）按照松香的方法进行分析，四个样品中均含有大量的己内酰胺，未发现松香酸；

（2）四个样品红外光谱分析表明主要化学成分均为己内酰胺，样品红外光谱见图5。

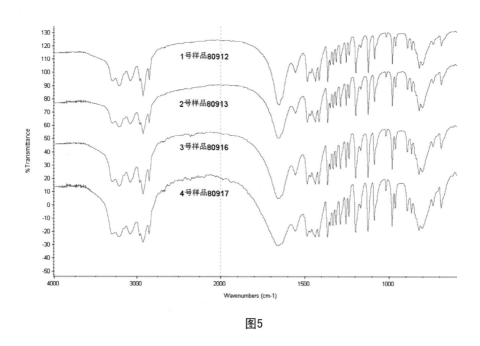

图5

（3）将四个样品组成一个混合样，进行定量分析，结果见表1。

表1 混合样品定性定量分析

色质分析结果		
序号	组分	含量（面积%）
1	未知	0.03
2	1-甲基己内酰胺	0.04
3	7-甲基己内酰胺	0.04
4	己内酰胺	99.67
5	3-甲基己内酰胺	0.12
6	环己烷甲酰胺	0.11
己内酰胺色度和挥发性碱		
序号	样品	《工业用己内酰胺》（GB 13254—91）要求
1	色度，大于10Hazen	合格品小于10（《工业用己内酰胺》（GB/T 13254—2008）），小于8），优级品小于3
2	挥发性碱，2.1mmol/kg	合格品小于1.5，优级品小于0.4

可能的产生过程：

己内酰胺生产工艺较多，主要代表性生产工艺是以苯（甲苯、苯酚）为原料，经过加氢、氧化、羟胺合成、重排及精致而制成，造成样品不合格的原因可能是生产控制不当（包括原料不纯）。

固体废物判别依据要点：

　　（1）生产过程中产生的废弃物质；

　　（2）不符合标准或规范的产品；

　　（3）使用的目的或方式是有机物质的回收/再生。

　　样品属于固体废物，是己内酰胺有机废物。

可利用性：

可作为低档工程塑料的原料来使用。

备　注	可能的申报名称：己内酰胺等外品，松香树脂。 鉴别时间为2009年8月。 原国家环境保护总局等部门于2008年发布的第11号公告中的《自动许可进口类可用作原料的固体废物目录》和《限制进口类可用作原料的固体废物目录》以及之前历次公布的允许进口的固体废物目录中均没有包含样品的废物种类，而早在2001年原对外贸易经济合作部、原国家环境保护总局等部门发布的第36号公告《禁止进口货物目录》(第三批)中就列出了"38256100　主要含有有机成分的化工废物（其他化学工业及相关工业的废物）"和"38259000其他编号未列名化工副产品及废物"，在2008年第11号公告《禁止进口固体废物目录》中也列出了"3825610000　主要含有有机成分的化工废物（其他化学工业及相关工业的废物）"和"3825900090其他编号未列名化工副产品及废物"。因此，样品属于禁止进口的固体废物。

十四、橡胶类废物（第40章）

57 未硫化的橡胶制品碎块或碎料

外观特征描述：

由大小不一的团块组成，每个团块由1～6cm的碎块橡胶粘连而成，团块中所黏结的橡胶碎块用力可以分开；样品胶中和表面有大量的纤维帘线，帘线为6～10层，方向不同。样品外观见图1和图2。

图1   图2

理化特性分析或物质特征：

（1）对样品中的橡胶聚合体进行溶胀指数分析表明样品中的橡胶聚合体完全溶解，且样品中剥离出的胶具有明显黏结性，符合未硫化橡胶的特征。

（2）样品主要组成及含量见表1。

表1 主要组成　　　　单位：%

	成分	大致比例
橡胶聚合物	天然橡胶/丁苯橡胶并用	73
纤维帘线	棉纤维	27

可能的产生过程：

生产汽车轮胎、传送胶带或胶管等橡胶制品的下脚料或边角料。

固体废物判别依据要点：

（1）丧失原有利用价值的物质；

（2）利用操作产生的残余物质的使用，其原因是生产过程中产生的残余物。

可利用性:

含有大量的纤维帘线,流动性差,可用作实心橡胶胎的里层填充料。

备 注	可能的申报名称:未硫化复合橡胶。 鉴别时间为2008年10月。 原国家环境保护总局等部门于2008年发布的第11号公告中的《限制进口类可用作原料的固体废物目录》中列出"4004000090 未硫化橡胶废碎料、下脚料及其粉、粒",样品属于限制进口类的废物,但其进口应获得国家环保部门的许可。

58 未硫化复合橡胶带

外观特征描述：

黑色橡胶片、条、带，粘在一起，用手撕可以分离，橡胶片中有黄色帘线。样品外观见图1和图2。

图1

图2

理化特性分析或物质特征：

（1）样品中剥离出的橡胶聚合物为天然橡胶。

（2）样品中剥离出的橡胶聚合物的硫化特性见表1。

表1 硫化特性

硫化时间			转矩/ N·m	
T_{10}	T_{50}	T_{90}	F_L	F_{max}
3min35s	5min15s	10min20s	0.80	3.04

（3）样品未经过硫化，是多层带有帘线的橡胶片，是帘布层经压延后的边角料。

可能的产生过程：

来自于轮胎加工过程中产生的边角废料，主要是帘布层或帘布缓冲层。

固体废物判别依据要点：

（1）丧失原有利用价值的物质；

（2）利用操作产生的残余物质的使用，其原因是生产过程中产生的残余物；

（3）物质使用前需要进一步加工，不能直接在生产/商业上应用。

可利用性:

分离后回收其中的帘线和橡胶,切割后也可用作实心橡胶胎的里层填充料。

备　注	可能的申报名称:未硫化复合橡胶带。 鉴别时间为2008年5月。 原国家环境保护总局等部门于2008年发布的第11号公告中的《限制进口类可用作原料的固体废物目录》中列出"4004000090 未硫化橡胶废碎料、下脚料及其粉、粒",样品属于限制进口类的废物,但其进口应获得国家环保部门的许可。

59 橡胶制品的下脚料或边角料

外观特征描述：

由1～3cm大小不等的碎块橡胶压实组成的团块，粘在一起的碎块用手可以分开；样品胶中含有大量的纤维线，从切割断面可以看出帘子线多在6～10层。样品外观见图1。

图1

理化特性分析或物质特征：

（1）样品中橡胶胶种和溶胀性分析以及纤维帘线的成分定性分析见表1。

表1　分析结果

橡胶聚合物	溶胀指数	纤维帘线
天然橡胶/顺丁橡胶/丁苯橡胶并用	0.75	棉纤维，尼龙66纤维，涤纶纤维

（2）样品中橡胶发生部分交联，即发生部分硫化现象，有可能是存放时间过长发生的自硫化现象，而样品中剥离出的橡胶具有明显黏结性，具有未硫化橡胶的特征。

可能的产生过程：

各种车用（如汽车、卡车或轿车）轮胎、运输带与胶管等生产过程产生的下脚料或边角料，残次品。

固体废物判别依据要点：

（1）丧失原有利用价值的物质；

（2）利用操作产生的残余物质的使用，其原因是生产过程中产生的残余物。

可利用性：

 由于样品切割成碎块且含有大量的纤维帘线，流动性差，可用作实心橡胶胎的里层填充料。

备 注	可能的申报名称：与纤维碳黑混合的未硫化复合橡胶。 鉴别时间为2009年1月。 原国家环境保护总局等部门于2008年发布的第11号公告中的《限制进口类可用作原料的固体废物目录》中列出"4004000090 未硫化橡胶废碎料、下脚料及其粉、粒"，样品属于限制进口类的废物，但其进口应获得国家环保部门的许可。

60 橡胶混合物

外观特征描述：

三块样品颜色深浅不均一，主体呈焦黑色，表面有颗粒杂质，有烧焦气味，表面烧焦严重。将三块样品分别标为1～3号，样品外观分别见图1、图2、图3。

图1   图2   图3

理化特性分析或物质特征：

（1）从样品中未被烧焦的切割断面看出，1号和3号样品接近，2号样品发白一些。3号样品烧焦最严重。

（2）1号样品为丁腈橡胶，未被烧焦部分丙烯腈含量31%~36%。对1号样品中未被烧焦的弹性聚合物进行溶胀特性测定表明完全溶解。

（3）2号样品为乙烯-醋酸乙烯酯共聚物（EVA）。

可能的产生过程：

合成橡胶生产、加工过程中烧焦后的回收物，也可能是来自储存、运输等过程中发生了事故（如火灾）后的回收物。

固体废物判别依据要点：

（1）三个样品整体上是来自烧焦后的回收物，属于被污染的材料，样品整体上已丧失直接继续加工的原始用途，只能通过回收其中较好的聚合物而进行利用。

（2）样品的产生过程没有质量控制，不能符合国家或国际承认的规范或标准。

可利用性：

样品烧焦严重，但未被烧焦的部分具有一定的利用价值。

备　注	可能的申报名称：丁腈橡胶（副品）。 鉴别时间为2008年4月。 原国家环境保护总局等部门于2008年发布的第11号公告中的《禁止进口固体废物目录》中列出了"废硫化橡胶"和"废硬质橡胶"，根据《固体废物鉴别导则》（试行）及相关管理规定，三个样品整体上属于禁止进口的固体废物。

61 废橡胶轮胎下脚料

外观特征描述：

七块样品形状不规整，有多处破损和黏连，具有明显的边角废料外形特性。样品外观见图1～图8。

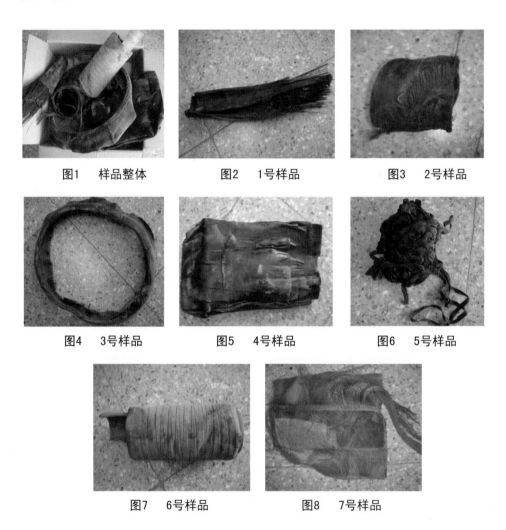

图1 样品整体 图2 1号样品 图3 2号样品

图4 3号样品 图5 4号样品 图6 5号样品

图7 6号样品 图8 7号样品

理化特性分析或物质特征：

（1）2号样品中剥离出的橡胶为天然橡胶，4号样品中剥离出的橡胶为天然橡胶/丁苯橡胶并用。

（2）2号样品和4号样品上剥离出橡胶聚合物并测定其硫变曲线，硫变曲线线形为先下降再上升最后趋于水平，为典型的混炼胶硫变曲线线形。

（3）未经过硫化工序（艺）。

可能的产生过程：

轮胎加工过程中产生的边角废料，主要是帘布层、缓冲层和胎圈。

固体废物判别依据要点：

（1）生产中丧失原有利用价值的物质；

（2）生产过程中产生的废弃物质。

可利用性：

分离困难，分离后回收其中的金属丝、帘线和少量橡胶，利用价值小。

备 注	可能的申报名称：废橡胶轮胎和下脚料，废轮胎。 鉴别时间为2008年3月。 海关总署2007年12月发布的第71号公告，对"未硫化复合橡胶"进行了归类解释，样品不满足该公告的解释。原国家环境保护总局等部门于2008年发布的第11号公告中的《禁止进口固体废物目录》中列出了"废硫化橡胶"和"废硬质橡胶"，根据《固体废物鉴别导则》（试行）及相关管理规定，样品整体上属于禁止进口的固体废物。

62 混炼胶边角料混合废物

外观特征描述：

包括条状、管状和团絮状三种样品（将其编为1号、2号和3号）。1号条状样品长、宽、厚分别为70cm、10cm和1.5cm，具有一定的弹性，表面有较多白色粉状物质且不平整，有多处突起和凹陷；2号管状样品长约60cm，内外径不均匀，有缩头和断头，分别约为1cm和1.5cm，表面不平整，有较多处破损；3号团絮状样品形状不规则，具有一定的弹性，塑性和延展性不均。样品外观见图1。

图1

理化特性分析或物质特征：

橡胶胶种和有机溶剂溶胀特性见表1。

表1 主要组成

样品	1号	2号	3号
橡胶胶种	氯丁橡胶	乙丙橡胶	乙丙橡胶
溶胀特性	溶胀	溶解	未溶胀
溶胀指数	1.15	—	—

可能的产生过程：

来自混炼胶生产过程中产生的边角料、残次品。

固体废物判别依据要点：

（1）生产过程中产生的废弃物质、报废产品；

（2）不符合标准或规范的产品；

（3）物质使用前需要进一步加工，不能直接在生产/商业上应用。

可利用性：

可作为低档次橡胶制品的少量掺加料，因为含有已硫化的橡胶，利用价值不大。

备　注	可能的申报名称：混炼胶。 鉴别时间为2007年8月。 原国家环境保护总局等部门于2005年发布的第5号公告中的《自动进口许可管理类可用作原料的废物目录》以及《限制进口类可用作原料的废物目录》均没有列出该类废物，样品属于禁止进口的固体废物。

63 硫化橡胶碎料

外观特征描述：

长短、粗细不一的黑色或灰黑色条带，表面欠平整均匀，断面参差不齐，具有大小不等的弹性。样品外观见图1和图2。

图1   图2

理化特性分析或物质特征：

（1）样品加热不熔融。

（2）经红外光谱测试，样品主要成分为乙烯—丙烯共聚物。

（3）经X射线荧光光谱仪测试，样品含钙、含硫。

可能的产生过程：

橡胶制品生产过程中产生的边角料、残次品。

固体废物判别依据要点：

（1）生产中产生的丧失原有利用价值的物品；

（2）生产过程中产生的废弃物质、报废产品。

可利用性：

利用价值小。

备 注	可能的申报名称：聚乙烯破碎料。 鉴别时间为2008年5月。 原国家环境保护总局等部门于2008年发布的第11号公告中的《禁止进口固体废物目录》中列出了"废硫化橡胶"和"废硬质橡胶"，根据《固体废物鉴别导则》（试行）及相关管理规定，样品属于禁止进口的固体废物。

64 橡胶下脚料

外观特征描述：

米白色微粒，有结成松散的团块。样品外观见图1和图2。

图1   图2

理化特性分析或物质特征：

（1）样品材质为丁腈橡胶。

（2）样品为粒状碎屑，应为加工过程中产生的碎屑，是下脚料。

可能的产生过程：

橡胶加工过程中产生的下脚料。

固体废物判别依据要点：

（1）利用操作产生的残余物质的使用，其原因是生产中产生的残余物；

（2）物质不是有意生产的。

可利用性：

可作为橡胶原料。

备 注	可能的申报名称：不规则块状丁腈橡胶。 鉴别时间为2008年11月。 原国家环境保护总局等部门于2008年发布的第11号公告中的《限制进口类可用作原料的固体废物目录》中列出了"4004000090 未硫化橡胶废碎料、下脚料及其粉、粒"。因此，样品属于限制进口类固体废物，但其进口应获得国家环保部门的许可。

65 橡胶下脚料

外观特征描述：

红褐色不规则块状。样品外观见图1。

图1

理化特性分析或物质特征：

（1）样品材质为丁腈橡胶。

（2）样品为不规则块状，应为加工过程中产生的下脚料。

可能的产生过程：

橡胶加工过程中产生的下脚料。

固体废物判别依据要点：

（1）不符合标准或规范的产品；

（2）利用操作产生的残余物质的使用，其原因是生产过程中产生的残余物质。

可利用性：

可作为橡胶原料。

备　注	可能的申报名称：不规则块状丁腈橡胶。 鉴别时间为2008年11月。 原国家环境保护总局等部门于2008年发布的第11号公告中的《限制进口类可用作原料的固体废物目录》中列出了"4004000090 未硫化橡胶废碎料、下脚料及其粉、粒"，样品属于限制进口类固体废物，但其进口应获得国家环保部门的许可。

十五、皮革废物（第41章）

66 皮革废料

外观特征描述：

形状不规整，厚薄不同，皮面花纹不同，有的皮面有破损和洞，有各种颜色的碎块。样品外观见图1和图2。

图1　　　　　　　　　　　　　　　　图2

理化特性分析或物质特征：

皮革在制造过程中，大约有40%以胶原为主体的原料皮成为副产物。

皮革制品生产过程中（如鞋、靴、服装加工缝制过程中）产生的裁断屑及使用过的革制品等也成为废弃物。

样品是牛皮、绵羊皮、山羊皮的混合皮革边角碎料。

可能的产生过程：

来自于皮革制品厂生产中产生的边角碎料，有牛皮的、绵羊皮的以及山羊皮的。

固体废物判别依据要点：

（1）不符合标准或规范的产品；

（2）利用操作产生的残余物质的使用，其原因是生产过程中产生的残余物质。

可利用性：

大块的可以作为皮手套、皮鞋等的材料，小块的可作为再生革、工业胶、肥料的原料。

	可能的申报名称：牛皮革边角料，碎皮革料。
	鉴别时间为2008年6月。
备　注	原国家环境保护总局等部门于2008年发布的第11号公告中的《自动许可进口类可用作原料的固体废物目录》和《限制进口类可用作原料的固体废物目录》中均没有列出皮革边角料废物。因此，样品进口报关当时属于禁止进口的固体废物。

十六、 回收（废碎）纸（第47章）

67 漂白化学木浆制的纸的边角料

外观特征描述：

三种样品都由纤维组成，白色条状，长短不一，质地蓬松，无明显杂质，强度低易撕碎。将其分别标为1号、2号、3号，1号样品两长边规整，厚度约2mm，宽度约40mm；2号样品只有一长边规整，其他边明显为撕扯形成，表面有规整网状压痕；3号样品只有一长边规整，其他边明显为撕扯形成，宽度在70~80mm，长度有的超过120mm，表面有规整细网状压痕。样品外观见图1~图6。

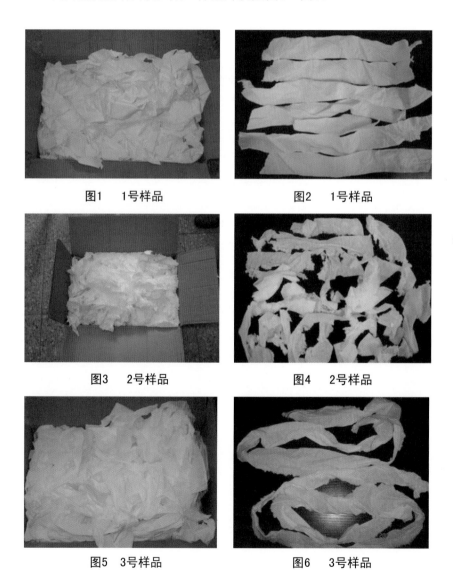

图1　1号样品　　　　　　　图2　1号样品

图3　2号样品　　　　　　　图4　2号样品

图5　3号样品　　　　　　　图6　3号样品

理化特性分析或物质特征：

（1）纸浆是以某些植物为原料加工而成的，是造纸的基本原料。制浆是指利用化学方法、机械方法或两者结合的方法，使植物纤维原料离解变成本色或漂白纸浆的生产过程。造纸按生产方式分为手工纸和机制纸，手工纸以手工操作为主，利用帘网框架、人工逐张捞制而成；机制纸是指以机械化方式生产的纸张的总称。造纸生产中须通过打浆将纸浆光滑的纤维进行分丝帚化，然后抄出形成纤维薄片的纸。

（2）三种样品的纤维配比情况是1号样品含有95%的漂白针叶木浆和5%的化学纤维，2号和3号样品为100%的漂白针叶木浆。根据样品的纤维分散情况及显微观察分析可知，三种样品都添加了不同用量的造纸用湿强剂（湿强剂主要用于增加纸张的湿抗张强度，即使纸张在潮湿或被水完全浸渍时仍能保持一定的机械强度）；并且纤维经过了打浆工艺，打浆度30°SR，样品材质为纸，来自漂白纤维木浆的造纸生产过程。

（3）样品特性符合《废纸再利用技术要求（GB 20811—2006）》中的特种废纸的技术要求。

可能的产生过程：

造纸过程中产生的边角料、下脚料。

固体废物判别依据要点：

（1）丧失了纸的原有利用价值；

（2）生产过程中的废弃物质，回收利用的方式或目的属于利用操作产生的残余物质。

可利用性：

样品没有明显的杂质，可作为纸的生产原料。

备 注	可能的申报名称：纸浆。 鉴别时间为2009年9月。 2008年之前我国历次公布的允许进口废物目录中均包括废纸，在2009年环境保护部等部门发布的第36号公告的《自动许可进口类可用作原料的固体废物目录》中包括"4707200000回收（废碎）的漂白化学木浆制的纸和纸板（未经本体染色）"。因此，样品属于自动许可进口的固体废物，但其进口应获得国家环保部门的许可。

十七、废棉(第52章)

68 废棉

外观特征描述：

白色棉絮状。样品外观见图1。

图1

理化特性分析或物质特征：

由一簇簇短纤维的白色棉絮组成，白净，无明显杂质。

可能的产生过程：

棉花在精梳机时，部分纤维太短的棉花被梳落下来的下脚料。

固体废物判别依据要点：

生产过程中产生的残余物质、废弃物质。

可利用性：

不能用来纺精梳纱，可用于气流纺纱或作填充物。

备　注	可能的申报名称：落地棉/普梳。 鉴别时间为2008年11月。 原国家环境保护总局等部门于2008年发布的第11号公告中的《限制进口类可用作原料的固体废物目录》中列出了"5202990000 其他废棉"。因此，样品属于限制进口的固体废物。

十八、废化纤纱线(第55章)

69 未经使用的脏污旧损的包芯纱线

外观特征描述：

包芯纱线，未经使用但已脏污旧损，有腐朽气味。样品外观见图1和图2。

图1   图2

理化特性分析或物质特征：

芯线成分为聚氨酯（氨纶），包线成分为尼龙，由两者一起加捻纺制而成。

可能的产生过程：

未经使用的纱线在运输或储存时因保管不善发生霉变，脏污损坏。

固体废物判别依据要点：

（1）被污染的材料。

可利用性：

用于织防护网。

备 注	可能的申报名称：次品涤纶纱线（纺织余料）等。 鉴别时间为2008年9月。 原国家环境保护总局等部门于2008年发布的第11号公告中的《限制进口类可用作原料的固体废物目录》中列出了"6310900010纺织材料制其他碎织物"，样品属于限制进口的固体废物。

十九、耐火材料废物（第69章）

70 锆刚玉耐火材料废物

外观特征描述：

浅黄色不规则砖状固体，破碎不平整面可见周围致密，中间有针状结晶和少许白色粉状物质；平整面有许多不均匀气孔，颜色偏红；明显有碳烧或使用过的痕迹。样品外观见图1和图2。

图1   图2

理化特性分析或物质特征：

（1）样品外观上可分为：致密的基体砖，表面附着的白色或灰白色粉末，孔洞中的大片状结晶体。

（2）样品主要成分及含量见表1。

表1 主要成分（除氯外的元素均以氧化物计）   单位：%

成分	ZrO_2	Al_2O_3	SiO_2	Na_2O	Hf	Fe_2O_3	CaO
含量	37.93	36.98	20.30	1.83	1.28	0.63	0.48
成分	K_2O	MgO	TiO_2	Cl	As_2O_3	Cr_2O_3	Bi_2O_3
含量	0.14	0.13	0.12	0.08	0.06	0.03	0.02

（3）显微镜下观察和扫描电镜分析可以发现叶片状结晶相组成：基底为钠的铝硅酸盐，而析出的细粒相为氧化锆结晶体。

可能的产生过程：

锆刚玉耐火材料使用后的报废产物。

固体废物判别依据要点：

丧失原有利用价值的物品。

可利用性：

玻璃窑用熔铸刚玉砖多数被耐火厂回收，可做成散装耐火材料。

备注	可能的申报名称：耐火砖破碎料。 鉴别时间为2007年2月。 原国家环境保护总局等部门于2008年发布的第11号公告中的《自动许可进口类可用作原料的固体废物目录》和《限制进口类可用作原料的固体废物目录》以及之前历次公布的允许进口固体废物目录中均没有列出耐火材料废物或类似的废物。因此，样品属于禁止进口的固体废物。

外观特征描述：

不规则块状固体，除有一面切割而成的光滑平面外，其余面不规整，整块颜色呈黄色，样品由黄色和红褐色夹杂相间的混合色逐渐向浅黄色接近，外观干净，有少许气孔，手感重。样品外观见图1和图2。

图1   图2

理化特性分析或物质特征：

（1）样品主要成分及含量见表1。

表1 主要成分（以氧化物计）   单位：%

成分	Hf	ZrO_2	Y_2O_3	Fe_2O_3	TiO_2	CaO	K_2O	SiO_2	Al_2O_3	Na_2O
样品中黄色区切割块	0.20	32.94	0.07	0.18	0.16	0.10	0.05	21.50	43.70	1.54
样品中黄白色区切割块	0.21	31.09	0.09	0.15	0.18	0.13	0.06	18.34	48.02	1.72

（2）显微镜下能看到在玻璃基质上分布有显著数量的锆石(斜锆石)及刚玉晶体。

可能的产生过程：

电熔冶炼炉中不能再使用的锆刚玉砖。

固体废物判别依据要点：

（1）丧失原有利用价值的物品；

（2）生产过程中产生的废弃物质、报废产品。

可利用性：

可回收利用。

备 注	可能的申报名称：锆质碎料。 鉴别时间为2006年11月。 原国家环境保护总局等部门于2008年发布的第11号公告中的《自动许可进口类可用作原料的固体废物目录》和《限制进口类可用作原料的固体废物目录》以及之前历次公布的允许进口固体废物目录中均没有列出耐火材料废物或类似的废物，样品属于禁止进口的固体废物。

二十、玻璃废物（第70章）

72 废石英玻璃

外观特征描述：

白色圆柱状，直径约18cm，高约20cm，上部比下部稍粗，圆柱体表层有非均匀的白色晶状沉积物，内部为透明玻璃体但明显看出分布有大小不一的气孔，圆柱体上表面部为切割平整面。样品外观见图1和图2。

 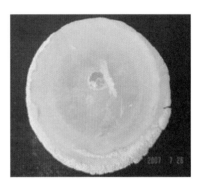

图1   图2

理化特性分析或物质特征：

（1）样品主要成分见表1。

表1 主要成分（除氯外的元素均以氧化物计）   单位：%

成分	SiO$_2$	Al$_2$O$_3$	CaO	Fe$_2$O$_3$	SO$_3$	Cl	MgO	Cr$_2$O$_3$
含量	99.38	0.16	0.14	0.11	0.07	0.05	0.05	0.03

（2）从样品上下表面各切割8mm厚玻璃片一片，经表面研磨、光学抛光（见图3和图4），首先进行双折射仪监测样品的均匀性、应力和条纹状况，表明良好；光谱检测表明样品为国内常规的JGS1(ZS)型石英玻璃。

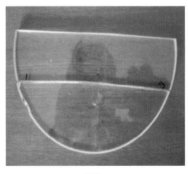 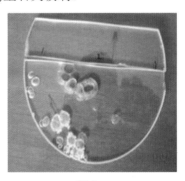

图3   图4

可能的产生过程：

石英玻璃在合成过程中，在炉膛内缓慢形成圆柱状石英坨，样品很可能是打坨工艺过程中使用的底坨和正常生产前的过渡部分。

固体废物判别依据要点：

（1）生产中产生的废弃物质、报废产品；

（2）不符合标准或规范的产品。

可利用性：

利用价值不大。

备　注	可能的申报名称：熔融石英、光学玻璃。 鉴别时间为2007年8月。 原国家环境保护总局等部门于2008年发布的第11号公告中的《禁止进口的固体废物目录》中列出了"7001000010 废碎玻璃"，该公告之前历次公布的允许进口固体废物目录中均没有包含废玻璃。因此，样品属于禁止进口的固体废物。

73 显像管废玻璃

外观特征描述:

玻璃厚度及颜色各异,形状大小不一,明显是经过重力敲碎而成。不同类别的玻璃分别编为1~8号,其特征见表1。样品外观见图1~图6。

表1 样品特征

编号	特征	大约厚度/mm	备注
1	从玻璃银色涂层刮下来的银灰色粉末		数量很少
2	从不同厚度和颜色玻璃结合处敲下来的白玻璃		封接玻璃
3	较薄,表面为弧形,厚薄不一,具镜面反光性	4	
4	最厚,带拐角	12	
5	较厚,表面比较平直,透明	16	
6	黑色不透明,较薄,表面为弧形		
7	蓝色,透明,表面平直		数量少
8	黑色,弧形,不透明,较厚		

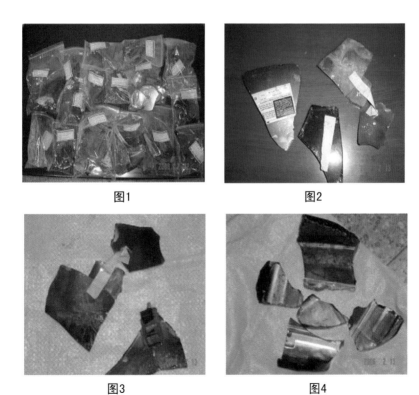

图1　　　　　　　　　　　图2

图3　　　　　　　　　　　图4

图5 图6

理化特性分析或物质特征：

与表1相对应的编号各部分样品主要成分及含量见表2。

表2 主要成分（以氧化物计） 单位：%

组成	1	2	3	4	5	6	7	8
SO_3	26.55	0.13	0.09	0.13	0.05	—	0.07	0.14
ZnO	23.38	0.39	0.05	0.03	—	0.01	0.44	0.15
Al_2O_3	18.77	2.84	3.89	2.46	1.36	3.84	2.28	5.13
SiO_2	16.47	46.01	65.58	57.82	64	47.60	61.66	43.24
Y_2O_3	6.14	—	—	—	—	—	—	—
SrO	2.24	4.23	0.43	9.43	8.62	0.31	7.74	1.02
BaO	1.89	2.43	9.58	6.72	1.97	0.31	8.03	2.30
K_2O	1.88	8.28	7.38	8.28	8.92	7.42	7.98	8.15
PbO	1.22	23.73	2.79	1.24	3.05	26.96	—	26.34
Eu_2O_3	0.52	—	—	—	—	—	—	—
CaO	0.29	2.92	0.48	1.78	2.80	3.55	0.09	4.08
ZrO_2	0.23	0.37	0.09	1.31	—	0.09	1.05	—
Fe_2O_3	0.11	0.18	0.32	0.37	0.04	0.41	0.05	0.36
Sb_2O_3	0.10	0.32	0.44	0.47	0.44	0.08	0.33	0.25
TiO_2	0.09	0.18	—	0.47	0.48	—	0.51	—
MgO	0.07	0.92	0.05	0.18	0.09	1.86	0.02	1.60
Co_3O_4	0.06	—	—	—	—	—	—	—
Na_2O	—	7.05	8.71	9.25	8.06	7.48	8.92	7.03
As_2O_3	—	—	0.10	—	0.12	—	—	—

可能的产生过程：

回收显像管产生的玻璃碎片。

固体废物判别依据要点：

（1）丧失原有利用价值的物品；

（2）含有对环境有害的成分。

可利用性：

含有大量的铅，利用价值小。

备　注	可能的申报名称：废碎玻璃及玻璃块料。 鉴别时间为2006年3月。 原国家环境保护总局等部门于2008年发布的第11号公告中的《禁止进口的固体废物目录》中列出了"7001000010 废碎玻璃"，该公告之前历次公布的允许进口固体废物目录中均没有包含废玻璃。因此，样品目前仍属于禁止进口的固体废物。

二十一、废五金（第74章）

74 含铜为主的废五金

外观特征描述：

各种规格、形状的废金属散热器及金属废碎料、边角料等，呈金黄色。样品外观见图1。

图1

理化特性分析或特征分析：

根据现场样品特点，随机抽取四份样品进行成分分析，组分见表1。

表1 主要化学成分　　　　　　单位：%

样品标记	Zn	Pb	Cu
铜板	28.38	—	71.53
阀门	37.00	2.32	60.29
散热器铜管	—	—	99.96
铜边角料	37.06	2.27	60.15

可能的产生过程：

边角料为机械加工过程产生，各种废金属散热器、金属废碎料可能为各种以回收铜为主的废电机等（包括废电机、电线、电缆、五金电器）拆解下来的铜废碎料。

固体废物判别依据要点：

（1）生产过程中产生的废弃物质、报废产品；

（2）金属物质的再循环/回收，其原因是不再好用的物质或物品。

可利用性：

可回收重新熔炼加工成各类铜产品。

备 注	可能的申报名称：铜废碎料，或者回收铜为主的废电机等（包括废电机、电线、电缆、五金电器）。 鉴别时间为2009年3月。 原国家环境保护总局等部门于2008年发布的第11号公告中的《限制进口类可用作原料的固体废物目录》中列出了该类废物。因此，样品属于限制进口的固体废物。

二十二、电子废物（第85章）

75 废线路板

外观特征描述:

较大的一块元器件面有明显的锈迹；较小的破碎块元器件面有"POWER SUPPLY"和
"SONY"标识；从样品边缘和线路特征看出两块样品不属于同一电路板，带有元器
件。样品正反面外观见图1和图2。

 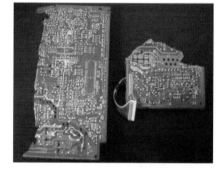

图1   图2

理化特性分析或物质特征:

线路板或电路板（又称印制电路板或印刷电路板）主要作用是凭借基板所形成的电
路，将各种电子元器件连接在一起，使其发挥整体功能，以达到中继传输的目的，是
电子电器产品的最为基础部件。电路板基板一般是以环氧树脂、酚醛树脂或聚四氟乙
烯等为黏合剂，以纸或玻璃纤维为增强材料而组成的复合材料板，在板的单面或双面
压有铜箔。

可能的产生过程:

带元器件的废线路板，来自显示器或电源等设备所用的线路板的回收料。

固体废物判别依据要点:

（1）样品均为使用过的废电路板，已丧失原有用途；

（2）丧失原有利用价值的物品；

（3）用于消除污染的物质回收，其原因是丧失原有功能的产品。

可利用性：

用于回收金属物质或进行无害化处置。属于危险废物，具有多种危害特性。

备 注	可能的申报名称：旧电路板，线路板，电路板，印刷线路板，印刷电路板。 鉴别时间为2008年4月。 原国家环境保护总局等部门于2008年发布的第11号公告中的《禁止进口的固体废物目录》中列出了"其他废弃机电产品和设备（包括废零部件、拆散件、破碎件、砸碎件及以其他商品名义进口本项下废物的，但国家另有规定的除外）"。因此，样品属于禁止进口的固体废物。

外观特征描述：

样品外观及特征描述见表1。

表1 样品外观特征

	样品部件外观	特征	可能名称		样品部件外观	特征	可能名称
1		样品包装纸盒和各种样品	全部为电子产品部件	2		表面划痕明显，已经破损，光盘出入口盖丢失，内有一张光盘	NEON牌DVD机
3		没有电池后盖，按键表面有磨损和明显使用过的痕迹	LITEON牌遥控器	4		表面有磨损	5号电池
5		有划痕，电路不同程度损坏，有裂痕，粘有其他杂物	DVD内存	6		元器件明显老化，有划痕，经维修处理过；其中一块被烧损，发黑	电源线路板
7		外壳已经出现破损，且有明显划痕	DELL电脑电源	8		明显划痕	DVD光驱
9		有划痕，内有光盘	DELL电脑DVD光驱	10		DVD拆散件	光驱壳
11		边缘较完整，为电脑拆散件	网卡	12		DVD光驱拆散件，有日期标签，如2005.12.19	光头

	样品部件外观	特征	可能名称		样品部件外观	特征	可能名称
13		边缘较完整，无明显破损和使用痕迹	DVD线路输出器	14		可伸缩	Antec牌散热器
15		表面积有灰尘，部分元件具有明显破损痕迹	电脑主板	16		没有外壳，有"中国产品"标签且表面有污渍	移动硬盘芯

理化特性分析或物质特征：

样品由计算机类设备和办公用电器电子产品、家用电器电子产品、视听产品及广播电视设备和信号装置、通讯设备、其他光盘驱动器等部件组成，主要为回收的电子电器产品部件，部分部件有明显污渍和破损。

可能的产生过程：

样品大部分来源于使用后的拆散件，也有部分可能来源于生产中的报废品、残次品、过期产品。

固体废物判别依据要点：

（1）在生产、生活和其他活动中产生的丧失原有利用价值和被放弃的物品；
（2）用于消除污染的物质回收，其原因是丧失原有功能的产品。

可利用性：

可用于消除污染物的回收处理，部分可拆解零件，部分可维修后具有使用功能。

备注	可能的申报名称：DVD光驱，计算机部件，电器产品配件。 鉴别时间为2009年10月。 环境保护部、商务部、国家发展和改革委员会、海关总署、国家质量监督检验检疫总局2009年发布的第36号公告中《禁止进口固体废物目录》包括"废弃家用电器电子产品、废弃通讯设备、废弃视听产品及广播电视设备和信号装置、废弃电器电子元器件等"。因此，样品整体属于我国目前禁止进口的固体废物。

77 废电路板

外观特征描述：

使用过的废电路板，有锈迹、氧化和破损现象，还带有破损的废塑料壳。样品外观见图1～图4。

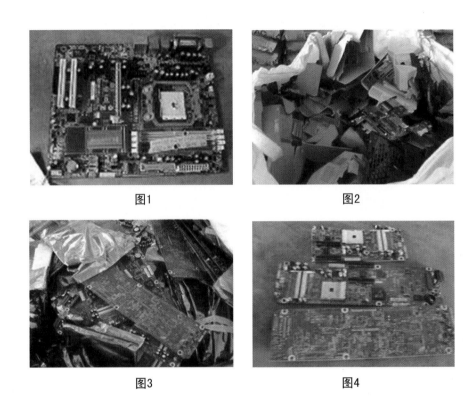

图1   图2

图3   图4

理化特性分析或物质特征：

电路板上有各种芯片、电容、卡槽等，有部分元件可拆下利用。每块板有氧化、穿孔、破损、残缺，与废塑料壳掺杂一起打包。

可能的产生过程：

均为无法使用的产品或废弃的产品。

固体废物判别依据要点：

（1）样品均为使用过的废旧电路板，已丧失原有用途；

（2）丧失原有利用价值的物品；

（3）用于消除污染的物质回收，其原因是丧失原有功能的产品。

可利用性:

拆解零件、翻新再利用。

备 注	可能的申报名称:旧电路板,线路板,电路板,印刷线路板,印刷电路板。 鉴别时间为2008年11月。 原国家环境保护总局等部门于2008年发布的第11号公告中的《禁止进口的固体废物目录》中列出了"其他废弃机电产品和设备(包括废零部件、拆散件、破碎件、砸碎件及以其他商品名义进口本项下废物的,但国家另有规定的除外)"。因此,样品属于禁止进口的固体废物。

外观特征描述：

样品圆片为6英寸大小，个别样品破碎，有的银色面有标记和明显的脏污痕迹，有的 IC面有标记痕迹。样品外观见图1和图2。

 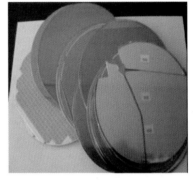

图1   图2

理化特性分析或物质特征：

（1）随机抽取一片样品对其正反面组成进行成分分析，正面为金黄色并有电路图案，反面为银色，结果见表1。

表1 主要成分（除硅、磷外的元素均以氧化物计）   单位：%

成分（金面）	SiO_2	Al_2O_3	P_2O_5	TiO_2	CuO	SO_3
含量	77.66	18.84	2.05	1.43	0.01	0.01
成分（银面）	Si	P				
含量	99.5	0.5				

（2）晶圆又称单晶硅，晶圆厂的产品包括晶圆切片（简称晶圆）和大规模集成电路芯片（简称芯片）两大部分。前者只是一片像镜子一样的光滑圆形薄片，并没有直接应用价值，只不过是供其后芯片生产工序深加工的原材料。芯片才是直接应用在计算机、电子、通讯等许多行业上的最终产品，包括CPU、内存单元和其他各种专业应用芯片(集成电路)。集成电路制造工序繁多、工艺复杂且技术难度非常高，从原料开始熔炼到最终产品包装需要400多道工序。生产过程中会产生大量的废品、废物。

可能的产生过程：

经过器件处理后的单晶硅圆片。

固体废物判别依据要点：

（1）丧失原有利用价值的物品；

（2）生产过程中产生的废弃物质、报废产品。

可利用性：

样品不可能直接用于制造集成电路芯片。

备 注	可能的申报名称：单晶硅片。 鉴别时间为2006年11月。 原国家环境保护总局等部门于2008年发布的第11号公告中的《自动许可进口类可用作原料的固体废物目录》和《限制进口类可用作原料的固体废物目录》以及之前历次公布允许进口的固体废物目录中均没有包含该类废物，样品属于禁止进口的固体废物。

外观特征描述：

外观陈旧、漏粉，外壳有破裂、划痕、磨损、变形、染色现象。样品外观见图
1~图4。

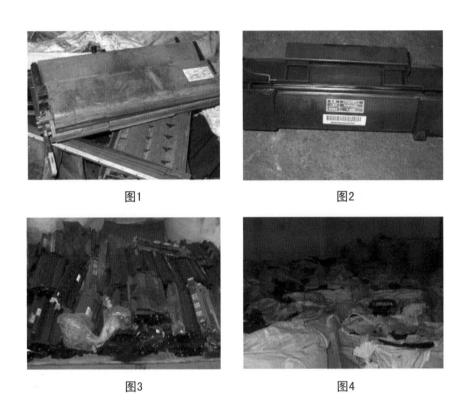

图1   图2

图3   图4

理化特性分析或物质特征：

硒鼓已损坏、破碎，内含有少量墨粉并且外漏，未破碎的可作为打印机专用零件重
复利用。

可能的产生过程：

均为无法使用的产品或丢弃办公用品。

固体废物判别依据要点：

（1）样品为使用过的破损硒鼓，已丧失原有用途；

（2）丧失原有利用价值的物品；

（3）用于消除污染的物质回收，其原因是丧失原有功能的产品。

可利用性：

部分暗盒可灌粉、翻新再利用。

备注	可能的申报名称：暗盒。 鉴别时间为2008年5月。 原国家环境保护总局等部门于2008年发布的第11号公告中的《禁止进口的固体废物目录》中列出了"其他废弃机电产品和设备（包括废零部件、拆散件、破碎件、砸碎件及以其他商品名义进口本项下废物的，但国家另有规定的除外）"。因此，样品属于禁止进口的固体废物。

外观特征描述：

外观陈旧、锈迹斑斑、外石墨层脱落，均为使用过的显像管。样品外观见图1～图4。

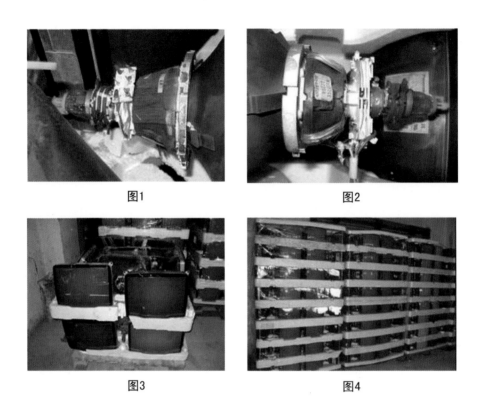

图1   图2

图3   图4

理化特性分析或物质特征：

采用CRT显示屏的家电，利用阴极射线管作为成像器件，用高压包来产生显像管所需要的电压，此电压没有完好保护容易产生高压放电，造成触电危险。

可能的产生过程：

均为淘汰产品或家用丢弃的旧电器。

固体废物判别依据要点：

（1）丧失原有用途和利用价值的物品；

（2）用于消除污染的物质回收，其原因是丧失原有功能的产品。

可利用性：

电子元件或翻新再利用。

备　注	可能的申报名称：显像管。 鉴别时间为2008年10月。 原国家环境保护总局等部门于2008年发布的第11号公告中的《禁止进口的固体废物目录》中列出了"其他废弃机电产品和设备（包括废零部件、拆散件、破碎件、砸碎件及以其他商品名义进口本项下废物的，但国家另有规定的除外）"。因此，样品属于禁止进口的固体废物。

81 钴锂电池极片废料

外观特征描述：

片状，银白色锡箔纸表面附着一层均匀的黑色物质，黑色物质表面比较光滑，容易刮落。样品外观见图1。

图1

理化特性分析或物质特征：

（1）含水率为0。

（2）样品不同部分主要成分及含量见表1。

表1 主要成分（除铝外的元素均以氧化物计）　　　　单位：%

	Co_2O_3	Al	SiO_2	Cr_2O_3	SO_3
铝箔纸		99.9	0.1（Si）		
附着物	99.2		0.17	0.05	0.56

（3）单独分析黑色附着物中锂的含量为6.17%。

可能的产生过程：

生产锂电池过程中产生的极片废料。

固体废物判别依据要点：

（1）生产过程中产生的废弃物质、报废产品；

（2）用于金属和金属化合物的再循环/回收，其原因是不再好用的物质或物品。

可利用性：

钴的价值高，可提取钴。

备　注	可能的申报名称：钴酸锂。 鉴别时间为2005年1月。 原国家环境保护总局等部门于2008年发布的第11号公告中的《自动许可进口类可用作原料的固体废物目录》和《限制进口类可用作原料的固体废物目录》以及之前历次公布的允许进口固体废物目录中均没有列出该类废物，样品属于禁止进口的固体废物。

第二部分

非固体废物案例

外观特征描述：

不规则的块状固体，主体颜色黑褐色，绝大部分样品中间夹杂黄色、土红色和黄褐色物质，有的样品黑色部分可见银色晶体，有的样品具有非常不规则的孔隙，没有明显加工的痕迹，外表可见大量风化粉粒。样品坚硬但用铁锤可砸碎。样品外观见图1和图2。

图1

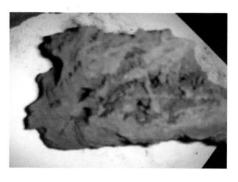

图2

理化特性分析或特征分析：

（1）样品主要成分及含量见表1。

表1 主要成分（以氧化物计）   单位：%

成分	Fe_2O_3	SiO_2	MnO	Al_2O_3	CaO	MgO	BaO	SO_3	P_2O_5	ZnO	K_2O
含量	91.67	3.45	3.32	0.97	0.14	0.12	0.11	0.09	0.05	0.02	0.03

（2）取样品中小碎块进行物相结构分析，主要为$Fe+3O(OH)$、Fe_3O_4、$MnO(OH)$、SiO_2、Mn_5O_8。

（3）新断面显金属光泽，具有典型的胶体成因的结核状、瘤状构造，断面上可见胶体生长纹。主要化学组成为Fe及一起沉淀的Mn、Al、Si，能谱见图3。

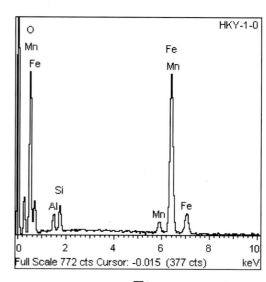

图3

样品属性分析:

褐铁矿(Limonite)是含有氢氧化铁的矿石,它是针铁矿(Goethite)$HFeO_2$和鳞铁矿(LepidoCRocite)$FeO(OH)$两种不同结构矿石的统称,也有人把它主要成份的化学式写成$mFe_2O_3 \cdot nH_2O$,呈现土黄或棕色,含有Fe约62%,O 27%,H_2O 11%,比重为3.6~4.0,多半是附存在其他铁矿石之中。

样品成分和结构符合褐铁矿的矿物学特征,判断样品属于褐铁矿,不属于固体废物。

备 注	可能申报的名称:马来西亚铁矿砂。 鉴别时间为2008年4月。 鉴别结论仅适应于委托样品。

83 磁铁矿石（第26章）

外观特征描述：

一整块不规则固体，主体颜色为黑色，具有磁性，中间夹杂黄色和黄褐色物质，没有明显加工的痕迹，黑色部分可见银白色晶体，外表可见风化粉粒。样品坚硬但用铁锤可砸碎，砸碎时大部分为块状，也有部分细颗粒。样品外观见图1。

图1

理化特性分析或特征分析：

（1）样品敲碎后，取碎小的部分测定比重大约为4.2kg/m³。

（2）样品主要成分及含量见表1。

表1 主要成分（以氧化物计）   单位：%

成分	Fe_2O_3	SiO_2	MnO	Al_2O_3	CaO	MgO	BaO	SO_3	P_2O_5	ZnO	K_2O
含量	91.67	3.45	3.32	0.97	0.14	0.12	0.11	0.09	0.05	0.02	0.03

（3）电镜下可确定其主要矿物为磁铁矿，相对含量在85%以上，因风化存在少量赤铁矿和褐铁矿，脉石的含量不超过10%。矿石的主要矿物组成的嵌布特征见图2。图2表明最主要矿物磁铁矿(Mt)粒间有脉石(Gn)充填，这种结构构造特征是地质条件下形成的，是天然矿产品。

（4）主要物质组成为磁铁矿(Fe_3O_4)。

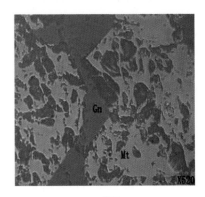

图2

样品属性分析：

磁铁矿石中含FeO为31.03%，Fe_2O_3为68.97%，或者含Fe为72.4%，O为27.6%。集合体多成致密的块状和粒状。颜色为铁黑色、条痕为黑色，半金属光泽，不透明。相对密度4.9～5.2。具有强磁性。磁铁矿石氧化后可变成赤铁矿石（假象赤铁矿石及褐铁矿石），但仍能保持其原来的晶形。

样品成分和结构符合磁铁矿的矿物学特征，判断样品属于磁铁矿，不属于固体废物。

备 注	可能申报的名称：铁矿砂。 鉴别时间为2007年5月。 鉴别结论仅适应于委托样品。

146

外观特征描述：

黑色粉末，夹杂大小不均的颗粒，较粗颗粒硬度较大，无明显气孔，有的颗粒表面呈花纹状，有的表面可见细粒亮晶，具有较强磁性。样品外观见图1。

图1

理化特性分析或特征分析：

（1）样品含水率为1.84%，灼烧样品烧失率为0.46%。

（2）样品主要成分及含量见表1。

表1 样品主要组成（除氯外的元素均以氧化物计）　　　　　单位：%

成分	Fe_2O_3	MgO	SiO_2	Al_2O_3	CaO	MnO	K_2O
含量	51.66	21.27	19.0	3.49	1.93	1.75	0.58
成分	ZnO	TiO_2	SO_3	Cl	P_2O_5	SnO_2	
含量	0.12	0.09	0.05	0.03	0.03	0.02	

（3）样品组分结构分析

采用X衍射实验对样品进行物相结构分析，主要物质结构为Fe_3O_4，$MgFe_2O_4$，SiO_2，MnO_2，Mg_2SiO_4，$Mn_5Al(Si_3Al)O_{10}(OH)_8$，$(Fe，Mg，Al)_7Al_2Si_6O_{22}(OH)_2$。样品X衍射图谱见图2。

（4）样品电镜观察和能谱分析

对样品进行能谱分析，分析样品属铁品位中等的含铁物料，能谱图见图3。显微镜下明观察，样品中的磁铁矿成分在脉石中呈稠密浸染状或稀疏浸染状构造，为天然地质过程中形成的典型构造；由于矿粒中磁铁矿浸染的稠密程度不同，所以外观上表现出色泽和比重有差异。磁铁矿（Mt，灰白色）在脉石（Gn，暗灰色）中呈稠密浸染状嵌布，见图4。

（5）样品中的主要金属形态为磁铁矿，而脉石矿物则主要为镁橄榄石，另见少量辉石、透闪石、蛇纹石、石英，可能存在硅镁石。

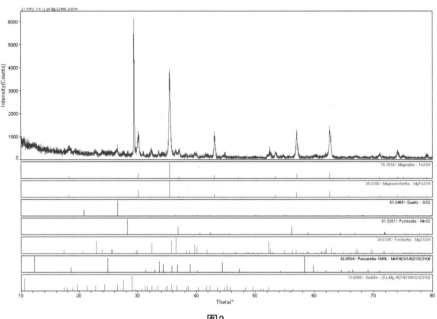

图2

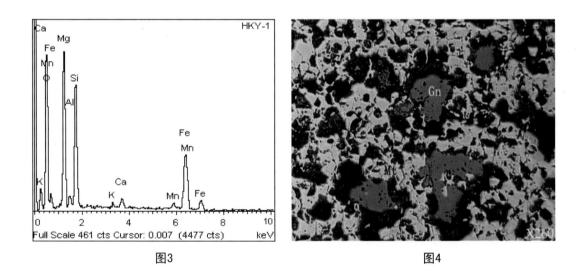

图3   图4

样品属性分析：

样品粉末、颗粒均具有明显的磁性，物相结构分析表明含有大量的Fe_3O_4，与磁铁矿特征相符；样品外观为黑色，颗粒大小不均匀，大颗粒样品硬度较大，可以敲碎，断面处可见银白色晶体，没有明显冶炼加工的痕迹；电镜能谱分析表明磁铁矿成分在脉石中呈稠密浸染状或稀疏浸染状构造，这种结构不是冶金过程形成的，而是典型的天然地质过程中形成的；电镜能谱分析进一步表明样品中脉石矿物成分主要为镁橄榄石，另见少量辉石、透闪石、蛇纹石、石英，可能存在硅镁石；根据样品组成和物相结构分析，样品中的铁的含量在35%～45%，而硅、镁含量较高，导致样品的比重与通常的磁铁矿的比重有一定的差距，这种现象存在于不同地域的不同品位的磁铁矿；而样品含镁较高，这种现象的存在可能是在镁质岩石的接触带通过热液作用形成的铁矿石，形成了镁橄榄石和蛇纹石，以及一些钙镁硅酸盐。因此，样品的特征与天然磁铁矿特征相符，判断样品属于磁铁矿，不属于固体废物。

备　注	可能的申报名称：磁铁矿。 鉴别时间为2009年9月。 鉴别结论仅适应于委托样品。

外观特征描述：

样品为三包，分别标为1号～3号。1号样品质地轻，干燥，呈条束状，灰白，连有少许茧状物；2号样品质地轻，干燥，蓬松丝绵状，颜色灰白，粗细不均，少许杂质；3号样品质地轻，干燥，蚕茧呈扁状，外包少许蚕茧丝，有的茧上有黄斑；外观分别见图1～图3。

图1　1号样品　　　　　　图2　2号样品　　　　　　图3　3号样品

产生特征分析：

我国传统丝绸产业流程如图4所示：

生丝是缫丝厂的产品。是由数粒蚕茧抽出的茧丝互相抱合并以丝胶胶着而成。

要缫制生丝，首先要从煮熟的茧层上引出丝头，开始引出时，会有很多丝头同时出现，随着不断抽取，就会变成一根了，形成一茧一丝，就可以缫丝使用了。这个操作称"索理绪"。索理绪过程中产生的废丝经过一定的整理，一般整理成条束状，称长吐。长吐是由茧子外层纤维组成，纤维强力高，品质好。当茧子缫到内层时，由于纤维太细，不能符合生丝细度要求，故将这部分内层茧子经过一定处理，整理成绵张状。称滞头，又称汰头。滞头是由茧子内层纤维组成，纤维细，强力较低，品质处于中下等。还有部分茧子，不能符合连续缫丝要求，也即下茧。

综合判断三个样品分别属于蚕茧制丝过程产生的下茧、长吐、滞头（汰头）或丝绵。

样品属性分析：

绢丝是我国历史悠久的传统产品，《中国国家出入境检验检疫商品指南》中对绢丝的注释为"桑绢丝，是用不能缫丝的下脚茧或次茧和长吐、滞头、丝屑作混合原

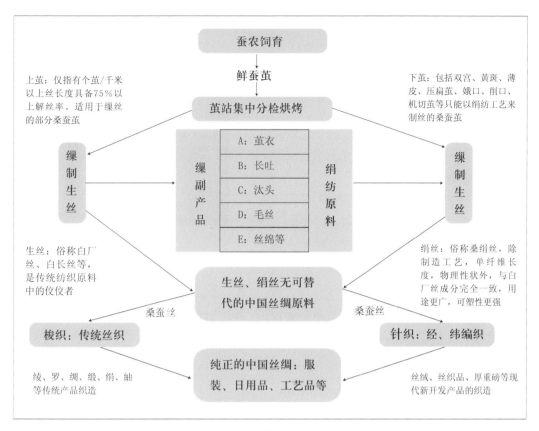

图4

料，经选别、精炼、制绵、炼条、粗纺、精纺、捻丝、合股、烧毛等主要工序，纺制成的丝，亦称绢纺丝。其特点是光泽优良、细度均匀、保暖和吸湿性能好等。"

绢纺原料虽然是缫丝厂的下脚料，但由于还是丝纤维，因此原料价格很贵，用这些原料通过纺纱制成绢丝，作为纺织高档面料。绢纺原料上的成分主要是丝胶、油脂及灰分等。不管哪个国家的绢纺原料购买来后都要经过水、纯碱、肥皂等的洗涤，才能纺纱。

我国曾经制定了绢纺原料的标准，如《桑蚕绢纺原料》（FZ/T 41001—1994），但很多企业在操作过程中凭经验买卖的很多。

样品基本符合桑蚕绢纺原料标准的要求，属于正常的商业循环或使用链的一部分，因此，进一步判断三个样品是缫制生丝的副产品，仍然是较好的绢纺原料。

总之，样品不属于固体废物。

备 注　鉴别结论仅适应于委托样品。
鉴别时间为2007年3月。

外观特征描述：

白色精细粉末（如面粉状），粒度和颜色非常均匀，干燥，无明显杂质。样品外观见图1。

图1

理化特性分析或特征分析：

（1）因为样品报关名称为对苯二甲酸，按照《工业用精对苯二甲酸》（SH/T1612.1）测定样品酸值：按照《工业用精对苯二甲酸酸值的测定》（SH/T1612.2）方法进行测定，在样品溶解过程中，加入溶剂后，有不溶于吡啶和水的细沙沉淀物，滴定时，第一滴标准溶液下指示剂就变色，酸值结果为0mgKOH/g，说明样品不含酸性物质。

（2）按照《工业用精对苯二甲酸》（SH/T1612.1）测定样品灰分，不能得到灰分结果。

（3）X-衍射分析表明样品为$CaCO_3$。

（4）显微镜下观察样品是单一的结晶体，很完整。能谱显示组成为Ca、C、O，无其他杂质，结果见图2。

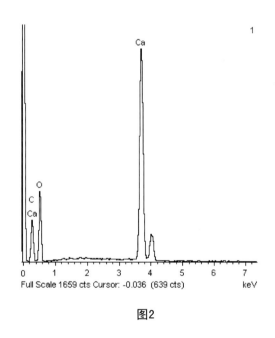

图2

样品属性分析：

从样品的外观特征来看，样品颗粒和颜色上都比较均匀，无明显杂质；实验分析表明样品不是对苯二甲酸，而是纯的碳酸钙粉末，无其他化学组分。由此判断样品是精细碳酸钙，不属于固体废物。

备 注	鉴别结论仅适应于委托样品。
	鉴别时间为2007年10月。
	样品照片有点失真，样品放在白色A4办公打印纸上。

外观特征描述：

白色精细颗粒（如白砂糖状），粒度和颜色比较均匀，干燥，无明显杂质。样品外观见图1。

图1

理化特性分析或特征分析：

（1）X-衍射分析表明样品为 $NaBr·2H_2O$。

（2）显微镜下观察样品是单一的结晶体，很完整。能谱显示除Na、Br外，基本无其他杂质成分，结果见图2。

样品属性分析：

从样品的外观特征来看，样品颗粒和颜色上都比较均匀，无明显杂质；实验分析表明样品是溴化钠。由此判断样品不属于固体废物。

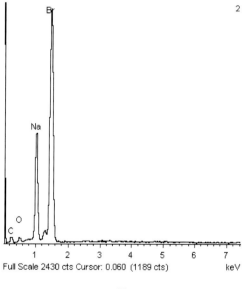

Full Scale 2430 cts Cursor: 0.060 (1189 cts)   keV

图2

备 注	鉴别结论仅适应于委托样品。 鉴别时间为2007年10月。

88 副产品氧化锌 （第28章）

图1

外观特征描述：

灰白色微细粉末，质地均匀。样品外观见图1。

理化特性分析或特征分析：

（1）样品含水率为1.48%。

（2）样品主要成分及含量见表1。

表1 主要成分（除氯外的元素均以氧化物计）　　　单位：%

成分	ZnO	CaO	SO_3	SiO_2	P_2O_5
含量	94.11	3.25	1.31	0.30	0.29
成分	Cl	MgO	Fe_2O_3	K_2O	Al_2O_3
含量	0.23	0.23	0.10	0.10	0.08

（3）样品成分结构主要为氧化锌(ZnO)。

（4）在显微镜下观察，样品基本上由氧化锌的细小晶体组成，粒度在10μm左右，另有一定数量的炭和少量杂质矿物。样品能谱图分析表明主含Zn、Ca、Si，见图2。

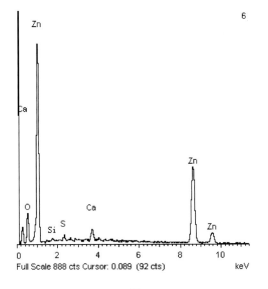

Full Scale 888 cts Cursor: 0.089 (92 cts)

图2

样品属性分析：

样品可能是直接法氧化锌生产工艺的产物。在工业生产中，产生副产品氧化锌的工艺过程主要有：①铅锌矿物的冶炼；②热镀锌工艺；③金属回收。锌以氧化锌粉形态回收，可作为湿法炼锌原料。

从样品中氧化锌主成分含量、颜色以及无肉眼可见的杂物等满足我国《副产品氧化锌》（YS/T 73—94）的要求。判断样品不属于固体废物。

备 注	鉴别结论仅适应于委托样品。 鉴别时间为2006年12月。 样品照片有些失真，样品放在白色A4纸上。

外观特征描述：

纯白色的短纤维，长度约3mm，短纤维为规整的束状。样品外观分别见图1～图3。

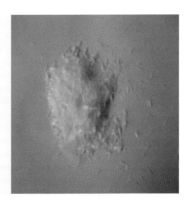

图1　1号样品 PET切割短纤（1.4de'×3mm）

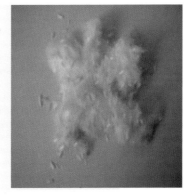

图2　2号样品 PET切割短纤（2de'×3mm）

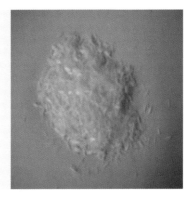

图3　3号样品 PET切割短纤（3de'×3mm）

理化特性分析或特征分析：

（1）样品主要成分见表1。

表1 样品成分

样品	名称	规格	成分
1	PET切割短纤	1.4de'×3mm	聚对苯二甲酸乙二醇酯（PET）
2	PET切割短纤	2de'×3mm	聚对苯二甲酸乙二醇酯（PET）
3	PET切割短纤	3de'×3mm	聚对苯二甲酸乙二醇酯（PET）

（2）PET的特性见表2。

表2 PET特性

项目		特性数据/描述
理化特性	熔点	249~253℃
	气味	N.A
	沸点	没有
	蒸汽压	没有
	密度	1.2
	挥发性	没有
	可溶性	水中不溶解，苯酚中可溶解
稳定性和反应性	闪点	346~399℃
	爆炸性	没有
	可燃性	可能，点燃温度483℃
	自燃温度	483~488℃
	与水自然反应	没有
	粉尘爆炸	如果颗粒成粉末，浓度超过40g/m³会引起爆炸
	自身反应	在室温下没有。在高温条件下，产生分解气体
毒性	急性毒性	危害性没有报道
	慢性毒性	危害性没有报道
	"三致"毒性	危害性没有报道
	过敏和敏感影响	危害性没有报道
	刺激性	在干燥或熔化颗粒时产生的气体会刺激眼睛

注：该表材料由委托单位提供。

样品属性分析：

涤纶短纤维的生产来源包括原生涤纶短纤维和再生涤纶短纤维。

A．原生涤纶短纤维的主要原料及流程如下

两步纺：石油—石脑油—对二甲苯（PX）—精对苯二甲酸（PTA）+乙二醇（EG）—聚酯切片（PET,包括纤维切片、瓶用切片、膜用切片）—涤纶(PET)纺丝。一步纺（又称直纺）：石油—石脑油—对二甲苯（PX）—精对苯二甲酸（PTA）+乙二醇（EG）—涤纶(PET)纺丝。

国内某企业1.33dtex细旦有光涤纶短纤维生产流程为：

涤纶纺丝—吹风冷却—卷绕喂入—集束—油浴拉伸—蒸汽浴拉伸—紧张热定型—上油—叠丝—卷曲—松弛—切断—打包—成品。

B．再生涤纶短纤维的主要原料及制备工艺

再生涤纶短纤是指利用废旧聚酯瓶片，纺丝废丝及浆块做原料，经过清洗，再加工做的涤纶短纤。

整瓶、块料分拣及粉碎—碎料清洗—干燥—纺丝—环吹风、卷绕、落丝、集束、牵伸、卷曲、热定型、切断、打包。

三个样品的化学成分均为PET聚酯；样品外观为质地纯白、规格一致的纤维束；样品为涤纶短纤维束经切割后成为3mm的长度；样品为原生涤纶纤维，满足生产规范和产品标准；涤纶短纤维在我国有众多企业在大量生产，产品型号、规格以及用途较多，生产技术较为复杂，是下游较高端产品的原材料。

综合判断涤纶（PET）超短纤维样品是产品，不属于固体废物。

备　注	鉴别结论仅适应于委托样品。 鉴别时间为2008年6月。

外观特征描述：

白色的短纤维，絮状。样品外观分别见图1～图2。

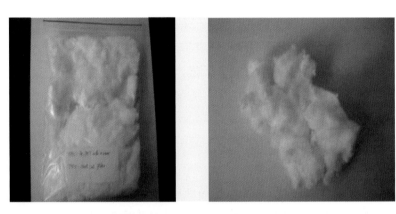

图1　　1号样品 PE/PET切割短纤（2de'×3mm）

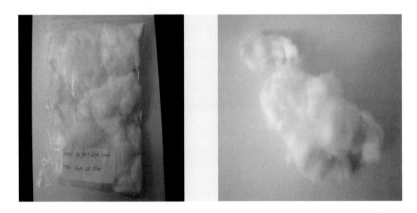

图2　　2号样品 PE/PET切割短纤（2.7de'×3mm）

理化特性分析或特征分析：

（1）样品主要成分见表1。

表1　主要成分

样品	名称	规格	成分
1	PE/PET切割短纤	2de'×3mm	聚乙烯（PE）+聚对苯二甲酸乙二醇酯（PET）
2	PE/PET切割短纤	2.7de'×3mm	聚乙烯（PE）+聚对苯二甲酸乙二醇酯（PET）

样品属性分析：

复合超细纤维为一个国家化学纤维工业水平的象征之一，在非织造布上的复合超细纤维应用已经不可忽视。我国复合短纤维主要有4种断面形式，即：并列型（S/S），皮芯型（H/C），桔瓣型和海岛型。可以使用多种高聚物为原料，生产多品种复合短纤维。

生产复合短纤维有长程纺和短程纺两种工艺路线，大多数制造商采用长程纺工艺。长程纺工艺的生产流程长，产品质量稳定，投资大，占地面积大，适合于产量在4～5kt以上的设计工程。

采用长程纺工艺的初生纤维在进行后纺加工之前，需要平衡约8h，初生纤维依次经拉伸，卷曲，加油，烘干定型及切断和打包。纤维丝束的拉伸采用典型两次复式加工工序进行，可以适应多种原料的纤维工艺，适合小批量、多品种复合短纤维工艺生产线要求。采用沟轮式切断机，可以方便地调整所切断纤维的切断长度，切断长度(3~286)±(0.75~71.5)mm。

复合短纤维与涤纶短纤维的生产流程具有一定的相似性。

从成分分析和样品的外观来看，样品为非常纯净的絮状产物。

综合判断样品属于PE/PET复合短纤绒絮状产品，不属于固体废物。

备　注	鉴别结论仅适应于委托样品。 鉴别时间为2008年6月。

91 合成橡胶混炼胶

外观特征描述：

三个不同形状的样品都呈黑色，包括片状、长块状和圆块状，均有较好的弹性、塑性和延展性，将其分别编为1号样、2号样和3号样。样品外观见图1。

图1

理化特性分析或特征分析：

（1）采用《橡胶聚合物（单一及并用）的鉴定 裂解气相色谱法》（GB/T 6028—1994）中的方法对样品中的橡胶聚合物进行分析，结果见表1。

表1 橡胶聚合物组成

样品	橡胶聚合物
1号	天然橡胶/少量顺丁橡胶/极少量丁苯橡胶
2号	天然橡胶/丁苯橡胶
3号	天然橡胶/顺丁橡胶/丁苯橡胶

（2）参考《硫化橡胶溶胀指数测定方法》（GB/T 7763—1987）中的方法对样品进行溶胀特性测定，结果见表2。

表2 样品的溶胀特性

样品	溶胀特性
1号	溶解
2号	溶解
3号	溶解

（3）采用《橡胶 用无转子硫化仪测定硫化特性》（GB/T 16584—1996）中的方法对样品进行硫化特性测定，结果见表3。

表3 样品的硫化特性

样品	硫化时间			转矩/ N·m	
	T_{10}	T_{50}	T_{90}	F_L	F_{max}
1号	2min53s	2min53s	2min53s	0.41	0.66
2号	3min39s	5min46s	12min40s	0.74	1.99
3号	3min40s	5min41s	11min27s	0.67	1.79

（4）采用《未硫化橡胶 用圆盘剪切粘度计进行测定 第1部分：门尼黏度的测定》（GB/T 1232.1－2000）中的方法测定样品的门尼黏度，1号、2号和3号样品结果分别为63、62和62。

样品属性分析：

（1）1号样品中的聚合物分析结果为天然橡胶/少量顺丁橡胶/极少量丁苯橡胶，硫变曲线与生胶硫变曲线形状相似，但样品颜色、透明度与天然橡胶生胶有明显差异，判断1号样品不是生胶原料。2号和3号样品中的聚合物分析结果分别为天然橡胶/丁苯橡胶和天然橡胶/顺丁橡胶/丁苯橡胶，两个样品的硫变曲线形状为先下降再上升最后趋于水平，判断2号样品和3号样品也不是生胶原料。

（2）依据3个样品的硫变曲线形状以及溶于有机溶剂的特性，判断样品均不是硫化橡胶。

（3）再生胶在有机溶剂中不能完全溶解而会发生溶胀现象，将其拉伸后还会看到一些交联结构未被破坏的硬质小颗粒。根据样品的硫变曲线形状和溶解特性，判断样品不是再生胶。

（4）混炼胶是橡胶生产过程中的半成品，样品是混炼胶，没有发生焦烧现象。未焦烧的混炼胶可按使用要求加工成任何形状。

（5）3个样品均有较好的弹性、塑性和延展性；从门尼黏度测试数据来看，满足"轮胎橡胶门尼黏度60±5"的要求。混炼胶是橡胶生产过程中的半成品，3个样品可分别进入下一道加工工序单独使用，也可混在一起经过混炼后混合使用，属于橡胶制品加工生产过程中的"正常使用链的一部分"，也是属于"做橡胶原料的原有用途"。

总之，判断样品不属于固体废物。

备　注	鉴别结论仅适应于委托样品。 鉴别时间为2007年8月。

92 再生炭黑（第38章）

外观特征描述：

黑色粉末，有少量不规则黑色块状固体，用手可碾碎。样品外观见图1。

图1

理化特性分析或特征分析：

（1）样品在900℃灼烧2h后灰分为11.36%；

（2）参照煤炭有关测定方法，样品中碳含量为84.16%，硫含量为2.4%；

（3）选择《橡胶用炭黑》（GB3778—2003）中主要指标对样品进行特征分析，结果见表1。

（4）样品主要物相组成为C，ZnS，Si，$CaCO_3$。

表1 样品主要指标

项目	结果
吸碘值 /（g/kg）	44.5
DBP吸收值 /（$10^{-5}m^3$/kg）	72.3
氮吸附外表面积 /（10^3m^2/kg）	34.4
氮吸附比较面积 /（10^3m^2/kg）	35.7
灰分 /%	10.98
加热减量 /%	1.43

样品属性分析：

裂解不仅可以大量处理废轮胎，而且裂解产物主要为与炼油工业产品相似的油、热解气和碳，分离回收后可作为原料使用，油品和再生炭黑为废轮胎热解的主要产品。废轮胎的热解是将粉碎的废轮胎投入热解炉，在500~1000℃隔绝空气或少量空气存在的条件下进行轮胎的分解，得到油汽混合物、炭黑以及固体残渣产物。各成

162

分含量因热解方式、热解温度、轮胎种类不同而不同。一般碳含量在30%~40%，碳可替代炭黑，用于一般橡胶制品和轮胎制造，也可用作活性炭。废轮胎热解回收的炭黑中含有炭黑填料、无机灰分（如ZnO，ZnS等）及热解过程产生的碳质沉积物。

1992年巴塞尔公约第15次技术工作组起草的"废轮胎鉴定与管理的技术导则"，将废轮胎高温分解得到炭黑、石油、废钢作为原料回收的重要方法之一，并指出，碳黑经过精炼后可以作为半加强填充物或者活性炭。巴塞尔公约技术工作组2008年在修订该导则时仍肯定了将废轮胎热解回收炭黑和活性炭作为主要产品之一。

国内某企业轮胎裂解流程如图2。

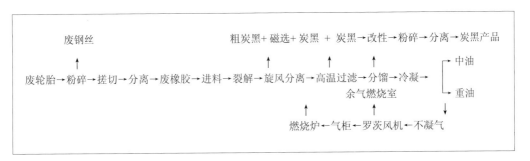

图2

针对样品而言，分析指标在《橡胶用炭黑》（GB3778—2003）标准中都能找到相应的标准要求，但又不完全满足该标准中某一具体炭黑品种的要求，根据橡胶专家的判断，样品炭黑性能应介于N5~N7系列炭黑之间。样品用户提供了购买裂解炭黑的企业标准要求，吸收值、加热减量、灰分等指标满足这个标准要求，拉伸强度和扯断伸长率两相指标由于要与橡胶配合后才能检测，没有进一步的实验。同时，中国轮胎翻修与循环利用协会2008年1月1日发布了ECO热解炭黑标准以及上海市科委2008年3月13日对"热解炭黑技术标准制定研究"项目进行了验收，从DBP吸收值、加热减量、灰分指标来看，样品指标满足这两个文件的要求。

因此，从产生过程来看，样品应是废轮胎裂解产生的炭黑，是一种有意识的生产，需要有比较规范的控制过程和处理工序；同时，样品测试的主要指标满足企业标准和行业标准的要求；样品具有广泛的应用范围。根据《固体废物鉴别导则（试行）》中关于固体废物的判别原则，判定样品不属于固体废物，属于再生炭黑。

备 注	鉴别结论仅适应于委托样品。 鉴别时间为2008年5月。

附件

固体废物鉴别导则（试行）

（国家环境保护总局、国家发展和改革委员会、商务部、海关总署、国家质量监督检验检疫总局公告2006年第11号，2006年3月9日发布，2006年4月1日起施行）

　　本导则适用于《中华人民共和国固体废物污染环境防治法》所定义的固体废物和非固体废物的鉴别，但不适用于确定其海关商品编码。固体废物与非固体废物的鉴别首先应根据《中华人民共和国固体废物污染环境防治法》中的定义进行判断；其次可根据本导则所列的固体废物范围进行判断；根据上述定义和固体废物范围仍难以鉴别的，可根据本导则第三部分进行判断。

　　对物质、物品或材料是否属于固体废物或非固体废物的判别结果存在争议的，由国家环境保护行政主管部门会同相关部门组织召开专家会议进行鉴别和裁定。在进口环节，进口者对海关将其所进口的货物纳入固体废物管理范围不服的，依照《中华人民共和国固体废物污染环境防治法》第二十六条的规定，可以依法申请行政复议，也可以向人民法院提起行政诉讼。

一、固体废物的定义

　　固体废物，是指在生产、生活和其他活动中产生的丧失原有利用价值或者虽未丧失利用价值但被抛弃或者放弃的固态、半固态和置于容器中的气态的物品、物质以及法律、行政法规规定纳入固体废物管理的物品、物质。

二、固体废物的范围

　　列于二（一）中的物质或物品，如果没有包括在二（二）中，是固体废物。任何物质或物品如果包括在二（二）中，则不是固体废物。

（一）固体废物包含（但不限于）下列物质、物品或材料

　　（1）从家庭收集的垃圾；

　　（2）生产过程中产生的废弃物质、报废产品；

　　（3）实验室产生的废弃物质；

　　（4）办公产生的废弃物质；

　　（5）城市污水处理厂污泥，生活垃圾处理厂产生的残渣；

　　（6）其他污染控制设施产生的垃圾、残余渣、污泥；

　　（7）城市河道疏浚污泥；

（8）不符合标准或规范的产品，继续用作原用途的除外；

（9）假冒伪劣产品；

（10）所有者或其代表声明是废物的物质或物品；

（11）被污染的材料（如被多氯联苯PCBs污染的油）；

（12）被法律禁止使用的任何材料、物质或物品；

（13）国务院环境保护行政主管部门声明是固体废物的物质或物品。

（二）固体废物不包括下列物质或物品

（1）放射性废物；

（2）不经过贮存而在现场直接返回到原生产过程或返回到其产生的过程的物质或物品；

（3）任何用于其原始用途的物质和物品；

（4）实验室用样品；

（5）国务院环境保护行政主管部门批准其他可不按固体废物管理的物质或物品。

三、固体废物与非固体废物鉴定

（一）根据废物的作业方式和原因进行判断

根据表一所列作业方式和表二所列原因进行判断。如果一个物质、物品或材料必须以表一中列出的作业方式进行处理，并且满足表二中列出的一个或多个原因，可判断为固体废物。表一与表二必须结合使用，不能单独用于固体废物的鉴别。

表一 作业方式

编号	贮存和处置作业	编号	利用作业
D1	置于地下或地上进行处置，例如填埋	R1	用作燃料，而不是直接焚烧，或以其他方式产生热能
D2	土地处理	R2	有机物质的回收/再生
D3	深层灌注	R3	金属和金属化合物的再循环/回收
D4	地表存放	R4	其他无机物质的再循环/回收
D5	特别设计的填埋，如放置于加盖并且彼此分离、与环境隔绝的具有衬层的隔槽	R5	酸或碱的再生
D6	排入水体，包括埋入海床	R6	用于消除污染的物质的回收
D7	焚烧，包括带有能量回收功能但以处置为目的的焚烧和水泥窑处置	R7	催化剂组分的回收
D8	永久贮存，例如将容器置于矿井	R8	用过的油再提炼或者以其他方式进行重新使用
D9	在贮存和处置之前先加以混合、重新包装或暂时贮存	R9	有助于改善农业或生态环境的土地处理

编号	贮存和处置作业	编号	利用作业
D10	产生需要进行贮存或处置的化合物或混合物的物理化学、生物处理	R10	利用操作产生的残余物质的使用
D11	可暴露于自然环境中的产品的生产	R11	以利用为目的进行的物质的交换和积累
D12	国务院环境保护行政主管部门声明或有关法律法规所规定的其他作为贮存或处置操作的作业方式	R12	国务院经济综合宏观调控部门会同国务院环境保护行政主管部门声明或有关法律法规所规定的其他作为利用操作的作业方式

表二 废物必须进行综合利用或贮存和处置的原因/废物类别

编号	原因（废物类别）
Q1	生产或消费过程中产生的残余物
Q2	不符合质量标准或规范的产品
Q3	罚没的假冒伪劣产品
Q4	过期的产品或化学品
Q5	因溢出、遗失或经历其他事故而被污染的材料
Q6	在使用中被污染的物质或物品
Q7	污染土地修复行动中产生的被污染的物质或物品
Q8	丧失原有功能的产品，如废催化剂
Q9	不再好用的物质或物品，如被污染的酸，被污染的溶剂
Q10	污染控制设施产生的垃圾、残余物、污泥
Q11	机械加工/抛光过程中产生的残渣
Q12	原材料加工产生的残渣
Q13	国务院经济综合宏观调控部门说明需要进行综合利用的或国务院环境保护行政主管部门说明必须进行处置的，以及国家有关法律法规所规定的必须进行综合利用或处置的其他原因

（二）根据特点和影响进行判断

评价一个物质、物品或材料（以下简称物质）是否属于固体废物，需要考虑以下因素：

（1）一般考虑。包括：该物质是否有意生产，是否为满足市场需求而制造，经济价值是否为负，是否属于正常的商业循环或使用链中的一部分。

（2）特征。包括：该物质的生产是否有质量控制，是否满足国家或国际承认的规范/标准。

（3）环境影响。包括：同初级产品相比，该物质的使用是否对环境无害；同相应的原材料相比，在生产过程中，该物质的使用是否会对人体健康或环境增加风险；是否会对人体健康或环境产生更大的风险；该物质是否含有对环境有害的成分，而这些成分通常在所替代的原料或产品中没有发现这些成分在再循环过程中不能被有效利用或再利用。

（4）使用和归宿。包括：该物质使用前是否需要进一步加工；是否可直接在生产/商业上应用；是否仅仅需要很小的修复就可投入使用；是否仍然适合于其原始目的；是否可作为其他用途的替代物；是否实际应用在生产过程中；是否有固定的用途；是否可以其现有的形式或者不经过表一所列作业方式处理的形式得到利用；是否只有经过表一所列作业方式处理后才可以利用。

评价一个物质是否固体废物，需要综合考虑上述所有因素。根据不同的评估对象，需要重点考虑的因素有所不同。下列流程图可供进行固体废物与非固体废物鉴别时参考，但在具体应用时，应根据物质的特点和影响进行鉴别。

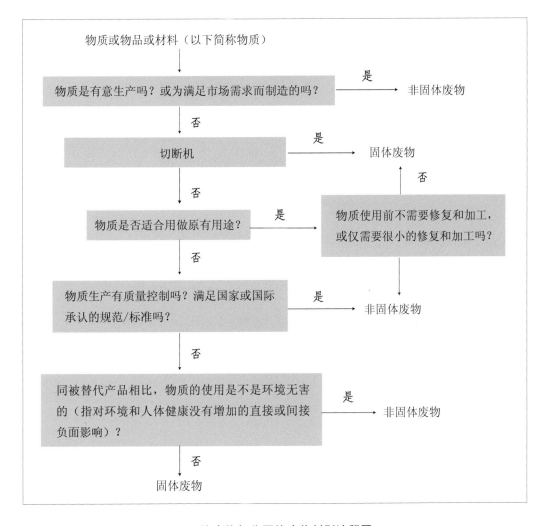

固体废物与非固体废物判别流程图